The Science of Living

西方心理学名著译丛

生活的科学

【奥地利】阿尔弗雷德·阿德勒　著
苏克　周晓琪　译
杨广学　校

图书在版编目（CIP）数据

生活的科学/（奥）阿尔弗雷德·阿德勒著；苏克，周晓琪译.—北京：北京大学出版社，2019.8
（西方心理学名著译丛）
ISBN 978-7-301-30493-8

Ⅰ.①生… Ⅱ.①阿… ②苏… ③周… Ⅲ.①心理学—通俗读物
Ⅳ.①B84-49

中国版本图书馆 CIP 数据核字（2019）第 079704 号

书　　　名	生活的科学 SHENGHUO DE KEXUE
著作责任者	〔奥地利〕阿尔弗雷德·阿德勒　著 苏　克　周晓琪　译　杨广学　校
丛 书 策 划	周雁翎　陈　静
丛 书 主 持	陈　静
责 任 编 辑	陈　静
标 准 书 号	ISBN 978-7-301-30493-8
出 版 发 行	北京大学出版社
地　　　址	北京市海淀区成府路 205 号　100871
网　　　址	http://www.pup.cn　　　新浪微博：@ 北京大学出版社
微信公众号	通识书苑（微信号：sartspku）　科学元典（微信号：kexueyuandian）
电 子 邮 箱	编辑部 jyzx@pup.cn　　　总编室 zpup@pup.cn
电　　　话	邮购部 010-62752015　发行部 010-62750672　编辑部 010-62707542
印 刷 者	三河市北燕印装有限公司
经 销 者	新华书店
	720 毫米×1020 毫米　16 开本　11 印张　110 千字 2019 年 8 月第 1 版　2024 年 6 月第 3 次印刷
定　　　价	45.00 元

未经许可，不得以任何方式复制或抄袭本书之部分或全部内容。
版权所有，侵权必究
举报电话：010-62752024　电子邮箱：fd@pup.cn
图书如有印装质量问题，请与出版部联系，电话：010-62756370

中 译 本 序

　　阿德勒倡导通过个人的不断创造和追求，超越自卑情结，完成具有社会适应和社会服务价值的生活任务（工作、爱情和友谊）。他的学说成为现代家庭教育、学校教育、人际关系和社会活动中应用广泛的心理学思潮。

阿尔弗雷德·阿德勒(Alfred Adler,1870—1937),奥地利著名精神病学家、心理学家和教育家,早期精神分析学派的主要代表人物之一,个体心理学的创始人,人本主义心理学先驱,人称"现代自我心理学之父"。

阿德勒出生于维也纳郊区的一个中产阶级犹太人家庭,但富裕的家庭条件并没有给他带来欢乐的童年。在他的记忆中,童年生活简直可以用"多灾多难"一词来形容:家中排行老二,相貌平平,幼年时患软骨病,四岁才会走路,又患佝偻病,无法进行体育活动。曾被汽车压伤过两次,五岁时患严重的肺炎,差点丢掉小命。进入学校读书后,成绩一直很差,老师认为他不可能从事任何具有智力挑战的工作,向他父母建议要及早训练他做个鞋匠。阿德勒曾说,自己的童年生活总是笼罩着对死亡的恐惧和对自己软弱无力的怨尤。童年的磨难使他产生了一种补偿的动机——一定要努力超越别人!

阿德勒的终生奋斗获得了成功:他取得了医学博士学位,

任教于维也纳教育学院,并成立儿童指导中心,发表许多作品,在世界各国做学术演讲,以一己之力创立个体心理学的体系,并创办《国际个体心理学》杂志,在全世界产生了广泛的思想影响。

阿德勒与弗洛伊德、荣格并列,被后人称为精神分析学派"三巨头"。对于这三位经典人物的学术立场和贡献,我们可以形象地做如下比喻。

弗洛伊德,一位神色严峻的医生,在人性幽暗的"地下室"里深入挖掘,专注于性本能和个体无意识的研究,包括人的原始冲动,以及本能与社会文化所纠结而形成的形形色色的欲望,不断揭露人性深处受意识封锁和压抑的无意识王国的层层内幕,从而严重挑战并动摇了他那个时代的传统文化格局。

荣格,终其一生痴迷于宇宙天道的冥思默想以及种种神秘莫测的人类远古文化实践,例如原始宗教和艺术、星相术、图腾、炼金术、修仙、占卜、梦与象征,如同站在"阁楼"上仰望天空的冥想家。他专注于人类种族集体无意识的研究,致力于理解跨越历史与文明之鸿沟的超自然的整体联系,揭示了一条超越性的人类救赎之道。

阿德勒,通过坚持不懈的个人奋斗,终于摆脱了童年的软弱自卑,成功地挤进了人类文明的"会客厅"。他向众人讲述社会因素在人格形成和发展中的作用,倡导通过个人的不断创造和追求,超越自卑情结,完成具有社会适应和社会服务价值的生活任务(工作、爱情和友谊)。他的学说成为现代家庭教育、学校教育、人际关系和社会活动中应用广泛的心理学思潮。

阿德勒的学说以"自卑感"和"创造性自我"为中心,并强调

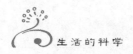

"社会意识"。主要概念是创造性自我、生活风格、假想的目的论、追求优越、自卑感、补偿和社会兴趣。在阿德勒看来,人生而自卑,人总是不断地力图"成为一个人物"——追求一种优于别人的、想象出来的理想化的人生目标。人们做所有的事情,都是为了建立一种优越感,自卑与补偿是个人追求优越的基本动力。在追求理想化目标的过程中往往会遭受挫折和失败,严重时还会引起神经症、酗酒、吸毒、自甘堕落、违法犯罪甚至自杀。为了解决这类问题,人应该建立一种富有社会意义(为他人和整个人类的利益服务)的生活风格,使得个人面对基本的生活任务的挑战能不懈努力,融入社会主流,在人际关系中找到自己的生活乐趣。在阿德勒看来,生活任务的实现是与社会生活水乳交融、难以分开的,个人兴趣与社会交往的兴趣应该是协调一致的。人具有一种为他人、为社会的先天思想准备和自然倾向,社会意识不仅涉及与人交往时的情感,还是一种对生活的评价态度和认同能力。同时,阿德勒认为,人是有意识的个体,人们生活的动力来源于个人精神生活中指向未来的目标;人是自己的主宰者,人可以自主选择生活的道路和方式,参与并决定自己的命运。整体来看,阿德勒的学说强调家庭环境、社会文化对人格发展的影响,推动了精神分析社会文化派的形成。他把研究的重点放在正常人身上,对人本主义心理学产生了积极的影响。同时,他把人格视为统一的整体,强调人格的不可分割性,开创了精神分析的整体论先河,对于心理治疗、教育、社会文化领域具有重要的影响。

《生活的科学》是阿德勒为个体心理学而写的一本入门书。本书完整地呈现了其理论体系的框架,并结合社会生活中常见事例做了生动而富有趣味的阐述。本书从个体心理学的基本原理出发,阐述了人幼年心理的形成,人生发展轨迹以及成长中的问题,指出了人生需要面对的三大问题:职业问题、社会适应问题、婚恋问题。他将发展过程中遇到问题的儿童分为三类:被溺爱的儿童、被忽略或被敌视的儿童、有生理缺陷的儿童,并进一步对自卑情结的深化与行为表现以及将来的心理发展状况都做了生动、细致的分析。作为一名超一流的精神分析师,阿德勒结合自己的丰富临床经验,娓娓道来,条分缕析,引导我们清晰认识生命各个阶段的问题及歧路,帮助现代人走出迷雾,达到对自我更深入、更透彻的认识,学会处理个人成长、工作、婚恋的难题。

  本书中译本以纽约花园城市出版社(Garden City Publishing Company)1929年的版本为基础,并参照了新的修订版,增添了有关的内容。经过反复校对、审订,提升了文字品质和可读性,适合心理学专业研究者和社会、文化、教育各界人士作为案头必备的经典读物。

杨广学

华东师范大学

2019 年 6 月

1933年阿德勒在维也纳西北角的萨尔曼斯多夫村(Salmannsdorf)的自家花园中

目录

1 第一章 个体心理学原理

个体心理学力求将个人的生活看作一个整体，并认为每个反应、每个活动和内心冲动都是个人生活态度清晰的组成部分。个体心理学具备先见和预防的双重性质：既能预见未来事件的出现，又能采取主动措施避免未来事件的发生。

17 第二章 自卑情结

我们的任务是训练这类人摆脱他们那种犹豫不决的态度。对待他们的适当方法是鼓励，而不是打击。我们必须使他们相信自己有能力面对困难，有能力解决生活中的种种问题。这是建立自信心的唯一途径，也是对待自卑感的唯一正确办法。

32 第三章 优越情结

对优越的追求和自卑感就如同正常的情感一样是一种自然的互补关系。如果感觉不到我们目前状态下的某种欠缺，我们就不会去追求优越和成功。人对优越的追求是无止境的。

45 第四章 生活风格

自卑感促使他们行动，从而导致一个目标的产生。长期以来，个体心理学把导向这一目标的行动称作生活计划，但由于这一名称时常引起误解，所以，现在将它改为生活风格。

57 第五章 早期记忆

如果想要判断一个人的生活风格，无论这个人是成人还是孩子，都应该在听取了他的一些抱怨之后，询问他的早期记忆，然后将这些记忆同他所提供的其他事实相互印证。

69 第六章 表现性活动和姿态

活动本身表现于姿态之中，这些姿态又反映出了一个人的总体生活态度，即我们称之为生活风格的东西。

82
第七章
梦和梦的解释

其他心理学派的追随者一直在寻求对梦的新的观点，但我们对梦的理解是在与我们理解精神表现和活动总体相同的方向上发展起来的。

94
第八章
问题儿童及其教育

怎样教育我们的儿童？这大概是我们当前社会生活中最重要的问题。无论是家庭教育还是学校教育，其目的都在于培养和指导人的个性。因此，心理科学就成了适切教育的必要基础，或者可以说，整个教育就是有关生活这门广泛的心理艺术的一个分支。

110
第九章
社会问题与社会适应

其他心理学体系将其所谓的个人心理学和社会心理学予以区别，但是在我们看来并没有这种区别。迄今为止，我们的讨论都是试图对个人的生活风格进行分析，而这种分析又都带有一种社会的观点，并且是为了服务于社会。

121
第十章
社会感，常识与自卑情结

之所以不是每个人都具有这两种情结，原因在于：他们的自卑感与优越感被一种心理机制所控制，从而进入了对社会有用的层面。这一机制的动机就是社会兴趣、勇气、社会感以及常识的逻辑。

131
第十一章
恋爱与婚姻

一切有关恋爱和婚姻的能力、障碍以及各种特殊倾向，都能够在早期形成的原型里面找到。

143
第十二章
性欲及性问题

只有幸福的婚姻才是解决性问题的唯一理想的方法。所有那些过分强调性欲的人，那些称赞一夫多妻制的人、自由同居的人以及试婚的人，都是想回避以社会的方法去解决性问题。他们没有耐心以夫妻的共同兴趣为基础去解决社会适应的问题，而是梦想着通过某种新鲜的方法来逃避责任。

第十三章
结论

个体心理学的方法始终与自卑的问题联系在一起。自卑是人类奋斗和成功的基础。而在另一个方面,自卑感又是一切心理适应不良问题的原因。社会适应是自卑问题的正面出路。社会兴趣和社会合作是个人获得拯救的正道。

阿德勒夫妇和他们的长女

第一章

个体心理学原理

  个体心理学力求将个人的生活看作一个整体,并认为每个反应、每个活动和内心冲动都是个人生活态度清晰的组成部分。这样一门科学有其实践意义上的必要性,因为我们可以借助知识改正和调整我们的生活态度。在这个意义上,个体心理学具备先见和预防的双重性质:既能预见未来事件的出现,又能采取主动措施避免未来事件的发生。

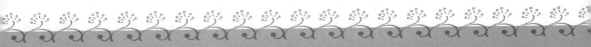

伟大的心理学家威廉·詹姆斯说过,只有直接与生活相联系的科学才能是真正的科学。我们还可以说,在一门与生活直接相关联的科学中,理论与实践几乎是不可分割的。研究生活的科学正是因为它本身直接影响着生活的流动,因而才成为一门生活科学。以上这些观点以其特殊的力量而适用于个体心理学(individual psychology)这门科学。

个体心理学力求将个人的生活看作一个整体,并认为每个反应、每个活动和内心冲动都是个人生活态度清晰的组成部分。这样一门科学有其实践意义上的必要性,因为我们可以借助知识改正和调整我们的生活态度。在这个意义上,个体心理学具备先见和预防的双重性质:既能预见未来事件的出现,又能采取主动措施避免未来事件的发生。

对目标的追求

个体心理学致力于理解生活中的神秘创造力,这种创造力表现在发展自己、努力追求和取得成功的愿望之中,以某一方面的成功来补偿另一方面的失败;也是这种愿望的表现。这种创造力是有目的的——它是在对目标的追求中表现出来的,而且在这种追求中所有肉体的和精神的活动都达到了相互契合、彼此合作的状态。因此,如果仅仅抽象地研究肉体的活动和精神的状态,而不同整个的人格联系起来,是很荒谬的。我们在犯罪心理学中对罪行的重视大大超过了对罪犯本人的重视,就属于这类荒谬事物之一例。实际上,这里真正重要的因素是罪犯,而非罪行本身。不管我们怎样对犯罪行为进行考察,如果我们不把它看成是某一特定个人的生活历程,就无论如何也不能真正理解它。同样的外部行为在这件案子中是有罪的,在另一件案子里则可能是无罪的。关键是要了解每个人各自不同的生命背景,即每个人各自不同的生活目标,它决定着个人的行为和行动的方向。这种目标使我们能够了解各个孤立的行动后面所隐藏的意义——我们将所有这些孤立的行动视为一个整体。当我们研究局部的时候,把它们当作一个整体的组成部分,就能够更好地理解整体的意义。

　　以作者本人为例,我对心理学的兴趣是在医学实践中产生的。医学实践给我提供了理解心理学事实所必不可少的目的论观点。我们在医学实践中看得非常清楚,一切器官都努力向着某些明确的目标发展,它们到达成熟期后都获得了确定的形式。我们还进一步发现,在有生理缺陷的个体中,其生命机能常常以独特的方式来克服种种残疾,或是发展另一个器官来取代有缺陷的器官的功能,从而弥补生理不平衡状态。生命不断地追求着自身的延续,生命力是绝不会轻易就屈服于外界阻力的。

精神的活动与有机体的生命运动是相似的。每个人的精神之中都有着一种目标或理想的概念，它促使人们去超越现状，为将来设定一个具体的目标，以此来克服现实的缺陷和困难。这种具体的目标常常使人在面对现实的困难时能保持优越的态度，因为他早已在胸中孕育着他未来的成功了。但如果对目标毫无意识，个人的活动也将失去其全部的意义。

已有的证据都指向这样一个事实：确立目标——赋予它一个具体的形式——一定是发生在生命的早期，即在童年阶段。从这个时期起，成熟人格的某种原型（prototype）或者模式就开始发展起来了。我们可以想象这一过程是如何进行的。一个虚弱自卑的孩子，发现自己处于一种难以忍受的环境之中，于是他努力发展自己，为自己选择了一个目标，并沿着这个目标指定的方向前进。在这个阶段，决定发展方向的目标比发展所需的物质材料更为重要。很难说清楚这一目标是怎样形成的，但是显而易见，它确实是存在的，并且支配和控制着这个孩子的每一个行为。我们对于这一早期阶段中的力量、冲动、理智、能力以及无能等情况知之甚少，迄今尚无确定的答案，这是因为儿童的发展方向只有在他们确立了自己的目标以后才能固定下来。我们必须首先看到他们生活的整体趋向，然后才能够猜测他们将会迈出什么样的步子。

当我们提到"目标"这个词的时候，可能会给读者造成某种扑朔迷离的感觉，因此，确实有必要使这一概念进一步具体化。说到底，具有一个目标就是希望自己"成为上帝"，而成为上帝又是最终的目标，即目标背后的目标——如果可以采用这个术语的话。教育工作者在教育他们自己以及儿童成为所谓"上帝"

时，须得小心谨慎。实际上，我们发现儿童在其发展过程中，都要确立起一个更具体和更迫切的目标。这个目标可能是像父亲那样，也可能是像母亲那样，因为我们发现，如果一个男孩认为他的母亲就是一个最强者，那么他就可能会深受他母亲的影响并转而模仿他母亲。以后，他也可能去模仿马车夫，只要他相信马车夫就是这个世界上最强有力的人。

一旦儿童竖立了这一目标，他们就会像马车夫那样去行事，去感受，去穿着打扮，并表现出与其目标一致的所有性格特征。然而，只需警察的手指动上一动，马车夫的形象便顿时威风扫地了……随后，医生或教师可能又会成为理想中的目标。教师因为能够惩罚学生而给这个儿童带来了强者的威信。

儿童所选择的目标总有一些具体的标志。我们发现，这些目标完全是他们社会兴趣的缩影。有一个男孩，他在回答别人问他今后想成为什么样的人的时候说："我想当刽子手。"这就是缺乏社会兴趣的表现之一。他希望成为能够操纵生死大权的人。正是这种想要更强有力的念头使他遁入了消极的生活之中。想成为一名医生这一愿望的成因也是与前面相同，即希望做一个能定夺生死的人。但不同的是，成为一名医生这一目标，是通过为社会服务的途径来实现的。

统 觉 系 统

当原型——体现目标的早期个性——形成以后，方向随之确定了下来，个人也从而获得了明确的倾向性。正是这一事实使我们能够预言在以后的生活中将会发生的事情。从此，个人

的统觉(apperception)就注定要落入这一方向所决定的总体格局。他不会按照环境的真实存在来认识这些事物,而是按照他个人的统觉格式(scheme of apperception)去理解它们——也就是说,他将怀着他自身的兴趣的偏见去理解环境。

在这个联系中,我们发现了一个很有趣的事实:有生理缺陷的儿童总是将他们所有的经验同有缺陷的器官的功能联系起来。譬如,一个患胃病的儿童对于饮食显露出一种异常的兴趣,而另一个视力有缺陷的儿童则十分着迷于能看见的事物。这种迷恋是与个人的统觉格式相一致的;我们已经说过,正是这种统觉格式构成了所有人的各自不同的性格。因此,为了发现一个儿童的兴趣之所在,我们也许只需要确定哪一个器官有缺陷就行了。但事情并不如此简单,因为某些儿童所感受的生理自卑被他自身的统觉格式所限制而并不表现为任何可以观察到的外部特征。因此,当生理自卑这一事实已经成为这个儿童统觉格式中的一个因素时,对这一自卑所做的任何外部的观察都未必能够对统觉格式有所暗示。

儿童对于相对性的统觉格式并无免疫力。在这一点上儿童确实同我们成年人并无二致——我们任何人所掌握的知识都不是绝对的真理,甚至我们的科学也不是绝对的真理。科学的基础是常识;常识是在不断变化着的。人人都会犯错误,但重要的是我们能改正错误。改正错误在原型形成时期是比较容易的,但如果在那个时期没有改正这些错误,以后要对它们加以改正时,就必须通过回忆重新体验那个阶段。因此,在治疗一个神经病患者时,主要的任务在于发现他在早期生活中,也就是在他的原型形成的过程中,所铸成的根本性的错误,而不是去发现他在后来的生活中所犯下的错误。一旦发现了早期的错误，我们就能够用适当的治疗去纠正它们。

根据个体心理学的观点，遗传问题的重要性大为减弱。一个人所遗传的东西并不重要，重要的是他早年如何运用其遗传——即在童年环境中如何构建其心理原型。先天性生理缺陷自然应归咎于遗传，但我们此处所要讨论的问题需要排除那些特殊的困难，并把儿童置于一个适宜的环境。实际上，只要发现了缺陷，对症下药，事情就相对容易。没有任何先天缺陷的儿童常常会由于营养不良或者许多养育上的问题而出现发展的偏差。

现在，我们来研究一下个体心理学对教育和训练精神病人所提出的课题。这里所说的精神病人包括患神经性疾病的儿童、罪犯以及那些借酒精之力以逃避生活的人。

为了比较容易而迅速地了解到错误之所在，我们就以询问病症源于何时开始吧。一般人都把病因归咎于某一新的环境，但这是一种误解，因为在这一具体事情发生之前，病人就没有得到过充分的准备以适应这一新的环境——调查将会证实我们的这一论点。如果病人仍然处在一个适宜的环境之中，他的心理原型方面的错误就不会那么显而易见。然而每一个新的环境都具有一种试验的性质，在这个新环境中，他必须根据其原型创造出的统觉格式做出反应。他的反应不是消极的，而是具有创造性并与他的目标相一致的——这一目标在他的整个生命过程中统领着一切。在进行个体心理学研究的早期，经验告诉我们，不应看重某一孤立部分的重要性以及遗传的重要性。我们知道，原型按其自身的统觉格式与经验达成一致。我们必须研究的正是这个统觉格式。

自卑感与社会兴趣

对于先天生理机能不完善的儿童来说,心理环境是至关重要的因素。由于这些儿童常常被安置于一个比他人更为困难的环境之中,因此他们表现出一种明显的自卑倾向,而且这种自卑感往往被夸大。早在原型开始形成之时,他们就已经变得高度专注自己,而对他人缺乏兴趣。在以后的生活中,他们也倾向于继续沿着这条道路走下去。生理自卑并不是形成原型错误的唯一原因,其他情况也同样可以导致类似的错误,被娇纵的儿童和被敌视的儿童所处的环境就是这样的例子。我们在后面将会详尽地论及这三种特别不利的情况,并提出实际的病史以对此加以说明。这三种情况也就是我们在上面已提到过的——生理器官不完善的儿童,被娇惯的儿童以及被敌视的儿童。但在目前我们只需注意一点,即这些儿童都是在不利的环境中成长起来的,他们时刻都担心遭受外界的打击,因为在他们成长的环境中,他们并没有获得独立性。

既然社会兴趣在我们的教育和治疗工作中起着至关重要的作用,那么从头去对它加以理解也就有着绝对的必要性。只有那些勇敢无畏、充满自信并在世界之中泰然处之的人才有可能从生活的困境和顺境中都获得利益。他们从不知道恐惧为何物,他们懂得困难是无处不在的,但同时他们也清楚地知道他们能够战胜这些困难。他们有着充分的准备去迎接生活中的问题。这些问题也正是普遍的社会问题。而上面提及的那三种类型的儿童,他们只具有较低程度的社会兴趣,他们缺乏积极生活、解决困难的精神态度。由于遭受着生理上和心理上的受挫感,其原型便对生活中出现的问题抱着一种错误的态度并倾向于使人格朝着生活的无益方面发展。因此,在治疗这些病人时,我们的任务就是要使他们的行为向着有益的方面发展,并全面地帮助他们建立起一种对待生活和社会的有益态度。

缺乏社会兴趣也就是倾向于生活的无益方面。缺乏社会兴趣的个人组成了问题儿童、罪犯、精神错乱者以及酒鬼的圈子。我们的问题在于找出能够影响他们的办法,使他们重新回到生活的有益方面,使他们对他人感兴趣。在这个意义上,我们所谓的个体心理学实际上是一门社会心理学。

常识及其缺陷

如果一个家庭中所有的孩子都发育不良,那么,我们对这个家庭进行观察时就会发现,尽管这些孩子表面上看起来似乎都很聪明,但当我们要寻找其聪明的征兆和表现时,他们就会显露出一种极深的自卑感。这些孩子都有一种完全属于个人的精神态度,我们在神经病人中也能够找到这种态度。比如,患强迫性神经病的人明知老是数窗户毫无用处,但他却并不能停止这种无益的行为。一个对于有用的事物感兴趣的人是绝不会有这种行为的。神经错乱者往往有着不同于他人的理解能力和语言方式,他们是绝不会说常识性的语言的,然而又正是这种常识性的语言标志着一个人的社会兴趣的发展程度。

如果把常识判断与个别判断加以比较,我们就会发现,常识判断几乎总是正确的。人们运用常识对好坏做出划分。但同

时,只求助于常识又使我们经常在复杂的情况下犯错误,不过这些错误能够通过常识的不断发展而得以自行改正。但那些总是顾及其私人兴趣的人,则不能像其他人一样明确地区分正确与谬误。

再以罪犯为例,我们在盘问一个罪犯的智力、理解力及其动机时,就会发现,罪犯总是将他的犯罪看作某种聪明绝顶而又富于英雄气概的行为,他相信自己已经获得了一个优越的目标,即:他已经变得比警察更为聪明,并能够胜过其他的人了。于是他在自己的心目中摇身一变,俨然成了一个英雄。然而他却不知道自己的行为所揭示的恰好是一个截然相反的内心世界。他不知道缺乏社会兴趣是同缺乏勇气和性格懦弱联系在一起的,正是这一点,促使他把自己的活动都放在生活中无用的方面。那些背转身去朝向事物的无用方面的人常常都害怕黑暗和孤独,他们总希望能同他人常聚在一起,这就是懦弱。制止犯罪的最好的方法就是要使每个人都明白:犯罪除了是一种懦弱的表现外,毫无价值。

众所周知,有些罪犯在30岁以后,就会自发地找一个工作,然后结婚,在以后的生活中成为一个优秀的公民。这是为什么呢?以一个盗窃犯为例吧。一个30岁的盗窃犯怎能同一个20岁的盗窃犯相匹敌呢?后者更加狡猾善变,更为孔武强横。进而论之,罪犯在30岁以后往往会被迫采取一种完全不同于以前的生活方式。实际上,犯罪这一职业只能使罪犯得不偿失,于是他发现还是退休为宜。

与罪犯相关的另一事实也是我们不容忽视的:加重对罪犯的惩罚非但不能使他们心生畏惧而行有所止,反而会越发地刺激他们的自信心，使他们以为自己真是什么了不起的英雄。应该记住，罪犯是生活在一个以自我为中心的天地里的，在这个世界里，他们找不到真正的勇气和自信心，找不到真正的共同意识，也无法真正理解共同价值。这样的人是不可能真正融入社会生活的。精神病人很少能办起一个俱乐部，广场恐惧症患者或者精神错乱者也不可能掌握这种技能。迄今为止，有这样一个事实仍然未能得到解释，就是问题儿童或者自杀者从不会交朋友。但是，有一种原因是可以肯定的：他们从不交朋友是因为他们的早期生活是按照以自我为中心的方向进行的，他们的原型倾向于追求一些虚假的目标，原型的发展道路把他们引向了生活中无用的方面。

父母的影响

继社会兴趣之后，我们下一步的任务是要发现个人在其发展过程中所遭遇到的困难。这一任务初看起来使人觉得扑朔迷离，但实际上它并不复杂。我们知道，任何一个被娇生惯养的儿童都会变得受人厌弃。无论是社会还是家庭都不愿将这种娇惯无止境地延续下去，这是我们的文明使然。一个被娇惯的儿童很快就会面临生活中出现的问题。在学校，他发现自己处于一个新的社会组织之中，面对着一个新的社会问题。他不愿与他的同伴们一起写字、玩耍，因为他还没有做好准备适应学校的集体生活。事实上，他在原型阶段所获得的经历使他害怕这种环境，并促使他继续去寻找娇惯。他的这种性格并不是遗传的，我们完全可以根据其原型和目标的性质推断出他的性格。由于具

备了这种特殊性格,导向其他方向的性格就不可能在他身上形成了。

原型分析是下一个要进行的项目。正如我们已经说过的那样,原型在四五岁的时候就已经确立起来,因此,我们必须寻找那个时期或者那个时期之前儿童心灵上所造成的印象。这些印象可能是非常繁复变化的,而其形态各异的程度在一个正常的成年人看来甚至可能是难以想象的。

儿童心灵上最普通的影响之一是由父母的过分惩罚或责骂所造成的感情压抑。这一影响促使儿童拼命地追求解放,它有时也表现为一种心理上的排斥态度。因此,父亲的脾气暴躁会使女儿形成一种排斥男人的原型,这是因为她们认定男人们都是脾气暴躁的。同样,由于母亲的严厉而倍感压抑的男孩则排斥女人。当然,这种对异性的排斥态度完全可能表现为不同的形式。例如,这类儿童可能会变得非常羞怯,或者在性关系上走向堕落(这是排斥女人的另一种形式)。这种堕落不是遗传的,而是由于他们的童年环境中造成的。

儿童往往需要为他们早期所犯的错误付出很高的代价。尽管如此,他们仍然很少接受他人的引导。父母不知道他们自身经验的结果,或者即使知道也不愿向他们的孩子坦然承认。这样,孩子们就只得沿着他们自己的道路走下去了。

论及这个问题时,我们不能过分强调惩罚、劝告以及训诫根本收不到任何效果。自然,如果孩子和成人都不知道应该在哪一点上加以改变,那么一切努力都是毫无作用的。当一个孩子不理解的时候,他只会变得更加狡猾、更加懦弱,但他的原型不会因惩罚与训诫而改变,生活经历本身是不足以改变它的,因为生活经历已经与个人的统觉系统协调一致了。只有当我们发现了根本的个性以后，才可能有所改变。

感情与梦

对感情的研究是这门生活科学的下一步任务。中轴线——由目标所规定的方向性路线——不仅影响着个人的性格特点、身体运动、心灵表现以及一般的外部特征，而且还制约着感情生活。值得注意的是人们常常以感情为依据来证明其态度的正当与合理。所以，当一个人想做好工作的时候，我们会发现这个念头被夸大了并且统治着他整个的感情生活。

我们由此可以断定，感情往往与个人对其工作所持的观点相一致：它们增强了个人的活动倾向。甚至于对那些不需要感情色彩也可完成的事情，我们也常常赋予它们感情色彩。因此可见，感情不过是我们行动的伴随物而已。

我们对梦的研究中可以非常清晰地看到这一事实——也许发现梦的目的是个体心理学最新的成就之一。任何一个梦都理所当然地有一个目的，不过这一点直到现在才被人们清楚地认识到。梦的目的是创造某种感情活动——这是按照一般的说法，而不加之以具体描述的术语——这种感情活动反过来促进梦的活动。在这一点上，人们对旧观念的评论是颇为有趣的，他们认为无论如何梦都是一种欺骗。我们的梦都是按照我们自己所喜欢的行为方式来进行的，它作为一种带有感情色彩的演习，将我们在清醒状态下的行为计划和行为态度都操演了出来；然而，它又仅仅是一种演习而已，它的内容是绝不会在实际生活中

发生的。从这个意义上来看,梦具有欺骗性,因为这种带感情色彩的幻想不导致任何行动,但却又给我们以行动的刺激。

梦的这一特征也存在于我们的非睡眠生活中,这便是一种在感情上进行自我欺骗的强烈倾向,例如我们总是说服自己依照在早期(四五岁时)形成的原型模式去行事。

出生顺序与早期记忆

我们发现了一种非常奇怪的现象:没有任何两个儿童的成长环境是相同的,哪怕他们生在同一个家庭之中。在同一家庭里,每个孩子的生活环境都是独特而有差异的。长子的处境明显不同于他的弟妹,他最先是独自一人,因而成为注意的中心。然而一旦第二个孩子出生,他便发现自己被推下了原来的宝座。对于这种变化,他是绝不会欣然接受的。事实上,这也的确是他一生中的悲剧所在:昔日的"赫赫威名"而今一去不复还。他所遭遇的这种戏剧性的突变使他的原型在其形成的过程中渗入了某种悲剧意识,这一悲剧意识将出现在他成年以后的性格特征之中。大量的病案材料表明,这类儿童往往遭受失败的命运。

家庭内部环境中的另一种差别体现在男孩和女孩的不同待遇上。一般来说,男孩总是被估计得过高,而女孩则被认为一事无成。女孩长大后总是畏首畏尾、疑虑重重,她们一生过于犹豫不决,觉得只有男人才真正能够有所成就。

次子的地位也同样具有其独特性,他的处境完全不同于长子的处境,因为他总有一个标兵伴随在他的左右,而他又通常是胜过他的标兵。究其原因,我们会清楚地看到,年长的孩子总是为这样的竞争而感到烦恼,这种烦恼最终将会影响他在家庭中的地位。年长的孩子由于对竞争的畏惧和无力胜任,因而越来越失去父母亲对他的重视,父母亲于是转而对次子感到满意。另一方面,次子从一开始就面临着他的标兵的挑战,因此,他一直处于竞争状态之中。他的一切性格特征都反映出他在家庭中的这一特殊地位,他反抗性强,不承认任何权威。

历史和传说曾记载过无数最年幼的孩子具有超乎常人的能力。约瑟夫(Joseph)就是这样一个最典型的例子,他想要战胜所有的人。在他离家数年后,一个他不认识的更小的弟弟在他的家中出生了,但这件事显然并没有改变他作为最年幼者的地位。类似的描写还可在许多神话中找到,最年幼的孩子在这些故事中总是担任着主要的角色。我们可以看到这些个性特征是起源于童年早期的,并且直到个人的见识增长之后才有所改变。为了对一个孩子进行调教,就必须使他明白发生在他童年初期时的一切,必须使他明白他的原型正在错误地影响着他生活中的一切情境。

研究早期记忆是一种颇有价值的方法,我们由此而理解原型并通过对原型的理解来理解个人的性格。我们所有的知识和观察都促使我们得出早期记忆属于原型这样一个结论。举个例子会使我们的论点显得更清楚些。以第一种类型,也就是器官有缺陷的一个儿童为例——我们在此暂且假定他的胃功能不健全。如果他还能记得自己的所见所闻的话,那么这所见所闻很可能与食物多少有些联系。再以一个惯用左手的孩子为例,他的这一习惯很可能影响到他的看法。有人可能对你谈到曾经娇惯过他的母亲,或者谈到一个比他年幼的孩子的出生。如果他

父亲的脾气不好,他会告诉你他怎样挨打。如果他是一个受人敌视的孩子,他会告诉你他在学校里如何遭到攻击。倘若我们学会洞察这些现象的话,它们都会成为极有价值的材料。

理解早期记忆是一门艺术,它需要高度的共情,一种将自身等同于儿童以体验其童年环境的能力。只有借助这种共情,我们才能理解家庭中另一个年幼者的出生对一个孩子的重要性,才能理解一个脾气暴躁的父亲的责骂在孩子心里留下的阴影。

结 论

至此已基本总结了个体心理学的入门方法。个体心理学在过去的 25 年内发展起来,并愈发成熟。各派心理学和精神病学各执一词,谁都不相信他人是正确的。读者也应该如此,切不可盲从轻信。我们不赞同那种"驱力"(drive)心理学[在美国,麦独孤(McDougall)是这种倾向最典型的代表],因为在他们所谓的"驱力"之中,有太多的遗传倾向。同样,我们也不能赞同行为主义的"条件"以及"反射"。从"条件"和"反射"之中构造出一个人的命运和性格是毫无用处的,除非我们理解这些行为所趋向的目标。在这些心理学派中,没有一个是从个人目标出发来进行思考的。

第二章

自 卑 情 结

我们的任务是训练这类人摆脱他们那种犹豫不决的态度。对待他们的适当方法是鼓励，而不是打击。我们必须使他们相信自己有能力面对困难，有能力解决生活中的种种问题。这是建立自信心的唯一途径，也是对待自卑感的唯一正确办法。

在个体心理学的实践之中,运用"意识"以及"无意识"等术语来给种种独特的因素标上名称是不正确的。意识和无意识并非如人们所深信不疑的那样,是相互冲突的,事实上,它们是向着同一个方向进行的。而且,在它们之间也并不存在任何明显的分界线,问题仅仅在于如何去发现它们联合运动的目的。在它们之间的整个联系还未搞清楚之前,不可能判别什么是有意识的,什么是无意识的。这一联系可在原型之中揭示出来,而原型这一生活形式正是我们在第一章所分析的内容。

个体的统一

用一个病案可以清楚地说明意识生活与无意识生活的密切联系。一个四十多岁的已婚男子得了一种恐惧症,时时表现出想跳楼的欲望。他一直在与这种欲望进行着搏斗。但除此之外,他没有别的不正常之处。他交游甚广,工作顺心,与妻子一起生活得十分幸福。如果排除掉意识与无意识相互渗透的特点，那么，这个病例就会令人困惑不解。他有意识地觉得自己必须跳出窗外去，然而他又一直还活着。实际上，他连要跳出窗口去的企图也不曾有过。探究其原因，我们发现在他的生活中还有着另一个方面，在这个方面中扮演着重要角色的是他对自杀欲望的斗争。结果，这一无意识方面对他意识的侵入，使得他最后成为胜利者。事实上，在他的"生活风格"(style of life，关于这一术语我们将在以后的章节里详加论述)中，他是一个达到了优越目标的胜利者。也许读者要问，这样一个在其意识领域内有着明显自杀倾向的人，怎么会感觉到优越呢？我们可以这样回答：因为在他身上存在着某种与他的自杀倾向相争斗的东西，他在这场争斗中所取得的胜利使他最终成了征服者和优越者。客观地说，他对优越的追求被他自身的软弱所限制。这似乎已经成为某种通常的规律，所有那些在某一方面感到自卑的人都逃不脱它的控制。但重要的是，在他内心的斗争中，他对优越的追求、他对生存与征服的追求压倒了他的自卑感和死亡欲——尽管后者表现在他的意识生活之中，而前者表现在他的无意识生活之中。

现在让我们来看看这个人的原型的发展是否能够证实我们的理论。通过分析他的早期记忆，我们得知，他童年时在学校就曾遇到过麻烦。他不喜欢其他男孩，老想避开他们。但他却努力克制住自己的冲动，鼓起勇气与他们相处，正视他们。由此，我们已经可以看到他在克服自己的软弱方面所做出的努力。他正视并且征服了自己的难题。

如果对这位病人的性格试加分析，我们就会明白他生活中

的一大目标就是战胜恐惧与焦虑,这一目标使得他的意识观点和无意识观点彼此配合而组成了一个统一体。如果我们不把这个病人当作一个整体来看待,就很可能难以相信他是优越的和成功的;就很可能只是把他看作一个野心勃勃的人,一个希望争斗但骨子里怯懦的人。殊不知这一看法是完全错误的,因为在得出这一看法前我们并没有考虑到这一病例中的全部事实,也没有用个人生活的统一性来对这些事实加以解释。

假如我们现在还根本不能确定这样一个人是一个统一体,那么可以说,我们的整个心理学,我们对个人的全部认识,或者说我们为认识个人所做出的一切努力,便都是些毫无用处的东西。即便我们推测出了生活的两个方面,但如果不将这两个方面彼此联系起来,我们还是不可能把生活看作一个完整的统一体。

社 会 背 景

除了应把个人的生活看作一个整体而外,我们还必须考虑到其社会关系的背景。初生的婴儿是软弱的,他们的软弱使其得到他人的关怀和照顾。因此,如果不考虑那位对儿童进行照顾并弥补了该儿童的自卑的人,就无法理解这个儿童的生活风格或生活形式。仅仅局限于分析这一儿童的身体存在的外围空间是远远不够的,这样我们永远也无法理解他与母亲以及他的家庭的结合关系。儿童的个性是超出了他身体存在的特征的,它涉及一整套社会关系的背景。

以上对儿童所进行的分析,从某种程度上来说也适合于整个人类。迫使儿童必须生活在家庭圈子里的那种软弱与把成人驱向社会生活的那种软弱是一样的。并不是所有的人在特定环境中都能够应对自如，他们被生活的巨大困难震慑而无力应付。因而，成年人身上最强烈的倾向之一就是组成一些圈子，能够作为社会中的一员，而不必作为一个孤立的个体独自面对生活。这种社会生活毫无疑问会极大地帮助他克服窘迫感与自卑感。

我们知道，这种情况在动物中是普遍存在的。较弱的动物种类总是过着群居的生活，以此集合整体的力量来满足个体成员的需求。这样一来，聚集起来的一群水牛就能够使自己免受狼的攻击，而一头水牛要做到这一点是不可能的。只有集结成群，它们才有可能将大家的头靠在一起，用后腿同敌人战斗。另一方面，大猩猩、狮子以及老虎可以过离群索居的生活，因为自然赋予了它们自我保护的技能。人类没有狮虎的尖爪利齿，因而只能过着群居的生活。我们由此而明白，社会生活肇始于个人的软弱无力。

基于这一事实，我们就不能指望社会中的一切个人都有相等的天赋。但是在一个调度适当的社会里，那些组成了这个社会的个人的能力是会得到及时的支持的。这是一个必须牢记的要点，如果忽略了这一点，我们就会很容易被引向这样一种认识，即对个人的判断应该完全根据其天赋能力而得以确定。事实是，一个处于孤立环境之中并且能力有缺陷的个人，一旦到了一个组织适当的社会之中，他的缺陷就能够得到很好的弥补。

假设我们个人的种种不足都是先天遗传的，那么，训练人们与他人和睦相处以减轻他们的自然缺陷所造成的影响，就成了心理学的目标。社会进步的历史讲述着人类合作的故事。通过

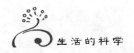

合作，人类才得以克服自己的各种缺陷与不足。每个人都知道，语言是一种社会性的发明，但却很少有人意识到，个人的欠缺曾经是促成这一发明产生的前因。儿童的早期行为证实了这一点。当其愿望没有得到满足时，他们就想引起别人的注意，于是他们发出某种类似语言的声音来吸引他人的注意。如果一个小孩不需要引起别人的注意，他就根本不会试着去讲话。婴儿最初几个月就是如此，因为母亲总是在孩子产生说话的需要之前就满足了他的一切愿望。根据病案材料的记录，有些小孩直到6岁还不会说话，其原因就是他们从来没有说话的必要。这一事实在一个特殊的例子中也得到了同样的证明。这是一对聋哑人的孩子，当他跌倒摔痛自己时，他便哭起来，但他的哭是没有声音的，因为他知道声音对于他的又聋又哑的父母来说毫无作用。于是，他只是做出一副哭的模样来引起他父母的注意，而不发出哭声。

由此可见，我们必须永远关注我们所研究的事实的社会背景，必须参照社会的环境来理解某一个人所选择的特殊的"优越目标"；同样，还必须考虑到社会的格局从而搞清楚某一特殊的适应不良现象。有很多人发现自己无法用语言与他人进行正常的接触，因此患上了适应不良症。口吃者便是一个恰当的例子。对口吃者稍加观察，我们就会发现，自他的生命开始之日起，他就从未很好地适应社会，他不想参加各种活动，也不想结交朋友。语言的发展需要通过与他人的交流来促进，但他却不愿交流。于是，他的口吃长期毫无好转。在口吃者中一般都存在着两种倾向——一种是与他人交往，另一种是安于孤独。

我们发现，那些没有经历过社会生活的成年人总不善于在大庭广众面前讲话，他们有一种怯场的倾向。这是因为他们把听众看成了敌人。一旦面对那些似乎含有敌意而且占据优势的听众时，他们就产生一种自卑感。其实，只有在十分相信自己和听众的情况下，一个人才能讲得好，才不会感到怯场。

自卑感与社会训练问题由此密切联系了起来。对社会的不适应产生了自卑感，而社交训练则是我们赖以克服自卑感的基本方法。

社交训练与常识有着直接的联系。当我们说，人们是以常识来解决困难的，这时我们所指的常识便是一个社会集团的集体智慧。但另一方面有些人则是以一种个人独特的语言和理解力来行事的。我们在第一章里曾谈到这点，这类人体现的是一种反常的倾向；精神错乱者、神经病患者和罪犯都属于这一类型。他们对社会性事物没有任何兴趣，比如人、机构、社会标准等对他们就毫无吸引力。然而，能使他们获救的道路又正好是在这些事物之中。

在对待这些人时，我们的任务就是要使他们对社会性的事物产生兴趣。神经质的人总是认为只要他们的意愿是良好的，他们就应当感到理直气壮。但是，单是好的意愿是远远不够的。必须让他们明白，在一个社会中，至关重要的是行为的实际效果和他们实际上所从事的工作。

对待缺陷的态度

自卑感与对优越的追求是人人具备的，但这并不是说所有的人都完全相同。自卑和优越作为一般条件统治着人类的行

为，但除此之外，个人之间还存在着体力、健康以及环境的差别。由于这些因素的影响，人们在同样的条件下可能犯不同的错误。如果观察一下儿童，我们就会看到，他们回答问题时并没有一个完全固定或绝对正确的方式，而是以各个不同的方式来做出自己的反应。他们都在追求一种更好的生活风格，然而他们追求的方式又分别显示出其自身的殊异之处。他们犯的错误千差万别，同样也以千差万别的方式在向各自追求的目标靠拢。

让我们来分析一下个人的一些变异形式和奇异特征吧。以左利手的儿童为例，有些小孩也许根本就不会知道自己是左利手，因为他们曾被精心地训练使用右手。最初，他们由于右手笨拙、不能活动自如而遭到斥骂、批评和嘲笑。这确实是一个遭人笑话的缺陷，但两只手都同样应该接受训练。一个左利手的儿童在摇篮里就可以辨认出来，其特征就是他的左手比右手活动得多些。在以后的生活中，他那笨拙的右手可能会成为他的负担。但另一方面，他对运用自己的右手和右臂往往会产生更大的兴趣，从而表现在画画、写字这些活动之中。其实，这样一个小孩如果在以后的生活中比一个正常的小孩得到更好的训练，并不是什么值得惊异的事情。因为他不得不培养起自己的兴趣，也可以说，他的缺陷逼迫他去接受加倍的训练。这对于培养一个人的艺术天赋和才能常常有极大的好处。处于这种位置的小孩总是在进行着雄心勃勃的战斗去克服他的局限。但这种斗争有时毕竟是十分艰苦的，在这种情况下，他或许会转为羡慕或嫉妒他人，从而形成一种更为严重、也更难克服的自卑感。一个小孩在不断的努力中，可能会变得极富斗争精神，而且在长大以

后也是一个斗士,他生命不息便奋斗不止,并始终怀着一个坚定的想法——他不应该是笨拙和软弱的。这样一个人所背的包袱总比他人更为沉重。

根据儿童在四五岁时所形成的原型,他们会以各自不同的方式奋斗,其所得所失都带有各自发展的轨迹。他们怀着彼此各异的目标,一个也许想当画家,而另一个则可能希望脱离这个他不能融入的世界。我们或许知道他该怎样才能克服他的缺陷,但他自己却不知道,而且人们又常常不能用正确的方法向他解释这一切。

很多儿童的眼、耳、肺或者胃会有生理缺陷,我们发现这些缺陷最容易引起他们的兴趣。有一个很奇怪的例子可以说明这种情况:有一个患气喘病的男人,老是在每天晚上从办公室回到家以后犯病。这个人45岁,已婚,而且地位不低。当别人问他为什么总在回家后犯病,他解释说:"是这样的,我妻子很倾向于物质化,而我却很理想主义,自然我们就意见不合。我回家后,需要安静休息,自得其乐,而她却想外出游玩。所以她抱怨老是待在家里。于是我便发了脾气,而且感到窒息。"

为什么这个人会感到窒息而不感到呕吐呢?其原因仅仅在于这与他的原型相一致。他在童年时期曾由于体弱受到别人恶作剧的捆绑,由于绳索束得太紧,使他的呼吸受到了影响,因而他总是感到胸部闷气。那时他家里有个年轻女佣非常喜爱他,她总是坐在他身旁安慰他,将自己的兴趣全部都倾注于他的身上。他由此而获得了一种不真实的印象,觉得永远都会有人来陪他玩耍并安慰他。他四岁时,那位女佣结婚离他而去。他送她到车站,一路痛哭不止。女佣走了后,他对母亲说:"我的保

姆走了,现在世界上谁也不会再关心我了。"

由此可见,这个人在他的成年时期如同在他的原型阶段一样,都在寻找一个会永远给他乐趣、给他安慰,并只对他产生兴趣的理想人物。他发病的原因不在于空气太少使他感到呼吸困难,而是在于他并非总是能够得到乐趣和安慰。要找一位永远能够使你得到乐趣的人自然不是容易的事。他老是希望控制整个环境,在某种程度上他的这种愿望也帮助他得以达到控制别人的目的。因此,当他喘不过气来的时候,他的妻子便不再想去剧院或是社交场所了。他由此而赢得了自己的"优越目标。"

表面上看来,这个人总是一贯正确,绝对不可被指责。可是他心里有一种想成为征服者的欲望。他想使他的妻子从物质化的倾向改变过来,变成他所谓的富于理想主义色彩。对于这种人,我们有理由怀疑他们那些表面上冠冕堂皇的行为动机。

我们常常见到那些眼睛有缺陷的孩子对可见的事物表现出特别的兴趣。他们在这方面形成了特殊的能力。看看古斯塔夫·弗雷塔格(Gustav Freitag)吧,这个伟大的诗人,眼睛患有散光症,但却成就非凡。诗人和画家的眼睛多数都有毛病,也许正因如此,他们才会对艺术表现出非同一般的兴趣。弗雷塔格曾说:"由于我的眼睛与别人不同,我就被迫运用和锻炼我的想象力。我不清楚是不是因为这才促使我成为一个伟大的作家。但无论如何,正是由于我的视力,我才能够在幻想中比别人在现实中看得更清楚。"

如果对天才们做一番考查,可以发现他们多数存在视力不佳以及其他缺陷。在各个时代的历史记载中,甚至连神祇都是有缺陷的，不是单眼瞎就是双眼瞎。但有一些几近盲人的天才却比别人更善于区分和辨认线条、影子与色彩之间的关系。这一事实告诉我们，如果确实明白了残疾儿童的问题之所在，就能够知道应该对他们进行怎样的治疗和干预。

有些人对食物表现出比他人更大的兴趣，他们经常谈论哪些东西能吃，哪些不能吃。一般说来这些人早年在进食问题上有过不顺利的经历，所以他们在这方面养成了比别人更浓厚的兴趣。有可能在他们童年的时候，细致入微的母亲常常告诫他们哪些东西能吃，哪些东西不能吃。他们不得不训练自己克服缺陷，慢慢地他们竟变得趣味盎然地关注起自己一日三餐的食物来了。结果，他们对饮食的关注使他们掌握了烹调技艺，或者成了饮食问题的专家。

但是，肠胃功能的虚弱有时会促使患者寻找某种东西来替换食物。金钱就是这类替换物中的一种。这类人变得像守财奴似的爱钱如命，也有可能成为大银行家。他们常常为了积攒金钱而昼夜不息。他们永远都在想着自己的生意经——这就使他们在自己的行业中远远地超过别人。有趣的是，我们经常听说有钱的人往往患有胃病。

现在我们再来思考经常在身体和头脑之间所产生的那种联系。某种缺陷并不一定导致相同的结果。在一种生理缺陷和一种糟糕的生活风格之间，并不存在着必然的因果联系。生理缺陷常常可以通过适当的营养措施予以妥善治疗，从而免除生理上的不适。然而并不是生理缺陷导致了恶劣的后果，应该对此负责的是患者的生活态度。这就是为什么对于一位个体心理学家来说，并没有什么纯粹的生理缺陷或者绝对的因果关系，我们

只需研究患者对于自己的身体状况所持的错误态度。基于这个原因,个体心理学家才试图要培养起一种奋斗精神去抵制原型发展过程中的那种自卑感。

极端自卑的证兆

有时,我们会见到有些人急躁不安,因为他们不能耐心地去克服困难。当一个人总是处于躁动不安的状态,并且脾气暴烈,激情难抑,我们可以断定这个人有着极端的自卑感。一个确信自己能够战胜困难的人是不会急躁的,即使他并不总是能够如愿以偿。傲慢、鲁莽和好斗的儿童也显示了强烈的自卑感。我们必须寻找他们的自卑感的原因——寻找他们的困难之所在——以便对症下药,对他们施以治疗。但我们绝不对原型的生活风格中存在的错误加以批评甚至惩罚。

对于儿童身上存在着的这些原型特点,我们可以用非常独特的方式来加以辨认。儿童对事物表现出各自特殊的兴趣;他们计划着要超过别人,并为达到此目的而不懈努力;他们在不断地建立和追求自己的优越目标——所有这一切活动都能够使我们辨认出其中隐藏的原型特点。有一类人,他们对自己的行动和表达能力极不自信,于是他们倾向于尽可能地排斥他人。他们不愿去面对新的环境,而只愿待在自己感到安全的小圈子里,在学校、生活、社会以及婚姻诸方面,无不如此。他们总是希望在他所处的狭小的范围内获得大量的成功,以此达到优越的目标。我们发现许多人都具有这种特点,他们不明白要取得成果,就得准备遇到各种情况,就必须面对多重困难。谁若是排除掉接触某些环境和某些人的机会，那么，鉴定他自己行为的标准就只有他个人的见识了。这是远远不够的，人需要与社会接触，需要常识。

如果一个哲学家想完成他的著作，他就不能老是与人一道去赴午餐或晚宴，因为他需要长时间地独处一室，以便概括自己的观点，采用正确的思路。但在这之后，他就必须在与社会的实际接触中发展自己的思想。如果遇到这样的人，我们必须记住他这两方面的需求。我们还得记住，他既可能是有用的，也可能是无用的，因而要仔细地辨别他有用的行为和无用的行为之间的差异。

整个社会进程的关键，在于这样一个事实之中，即人们总是苦心孤诣地寻找一种环境，在这个环境里他们具有比别人更优越的地位。因此，自卑感重的儿童总是想排斥比他强势的同伴，而与那些比他弱并能被他控制的儿童一道玩耍。这是自卑感的一种反常的和病理性的表现。自卑意识并不重要，重要的是它的特征和程度。

这种反常的自卑感被称为"自卑情结"。但对于渗透到了整个人格之中的这种自卑感来说，"情结"并不是一个十分确切的名称。它不仅仅是一种情结，而几乎是一种疾病，其危害性随情况的不同也有所变化。因此，有时一个人在工作的时候，我们发现不了他的自卑感，因为他对自己的工作是自信的。另一方面，他可能在社交中或者在与异性的关系方面感到不自信，于是，我们由此就能发现他真正的心理状态。

我们发现，在紧张或者困难的环境中，错误往往会变得更为严重。正是在困难或者陌生的环境中，原型才能如实地表现出

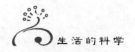

来。事实上，困难的环境几乎总是陌生的。这就是为什么社会兴趣的程度是在一种新的社会环境中才得以凸显，我们在第一章里曾经谈到这一点。

试将一个儿童送到学校去，然后将他在学校里的社会兴趣作为他在一般社会生活中的社会兴趣来加以观察。我们能够看到他与伙伴们是相处融洽呢，还是回避伙伴们。对于活动量过度的、顽皮而聪明的孩子，我们必须观察他们的内心世界以究其原因；对于那些迟疑不前，或者只有附带某些条件才能使他们有所行动的儿童，我们则必须密切注视那些以后也会出现在社交、个人生活及婚姻等方面的相同特征。

经常有这么一些人，他们总是说："要是我，就要这样做"，"我本来要做那件工作的""我本可以打败那个人……不过……！"所有这种"是的——不过"的话都是深刻自卑感的标志。实际上，如果我们这样来理解这些话，就可以从诸如怀疑之类的某些感情中发现新颖的东西。我们知道，一个犯疑心病的人往往耽于怀疑而一事无成。如果一个人总是说"我不干"，他实际上可能什么事都不去做。

一个心理学家，如果他深入观察，便会发现一些人身上充满了矛盾。这些矛盾可以被看作是深刻自卑感的标志，但仅仅这样还是不够的，我们还必须观察构成我们眼前问题的这些人的举动，从而可以发现他们接近人、对待人的方式是如何的贫乏；我们必须观察他们接近人时是否犹豫不决，是否伴随着某种身体的特殊姿势。这种犹豫的态度在其他的生活环境中也常常会表现出来。许多人常常进三步，退两步，优柔寡断。这也是深刻自卑感的标志。

我们的任务是训练这类人摆脱他们那种犹豫不决的态度。对待他们的适当方法是鼓励,而不是打击。我们必须使他们相信自己有能力面对困难,有能力解决生活中的种种问题。这是建立自信心的唯一途径,也是对待自卑感的唯一正确办法。

第三章

优越情结

优越感和自卑感就如同正常的情感一样是一种自然的互补关系。如果感觉不到我们目前状态下的某种欠缺,我们就不会去追求优越和成功。人对优越的追求是无止境的。

在第二章里我们讨论了自卑情结及其与一般自卑感的关系,这种自卑感是人们共有的,也是人们所努力要克服的负面情感。现在我们将转向一个相反的主题,即优越情结。

我们知道,个人生活中的每一个征兆是怎样表现出一种连续状态的。我们可以说征兆有过去也有未来。未来与我们的奋斗和目标紧密地联系了起来;同时,过去则代表着我们不断要予以克服的自卑或缺失的状况。我们之所以特别注重自卑情结的开端,而对优越情结则是注重其延续性、其运动的进程,原因就在于此。但是,这两种情结又是自然联系着的,所以,如果我们在一些具有自卑情结的案例中同时又发现了一个隐藏着的优越情结,那丝毫不必惊诧。反过来,在探寻一个优越情结并研究它的延续性时,同样也能发现一个隐藏着的自卑情结。

一般情况

当然,我们应该记住,加在自卑和优越之后的"情结"一词仅

仅是自卑感以及追求优越的一种夸张说法。如果从这种角度来看待事情,就消除了自卑情结和优越情结这两种相互对立的倾向同时存在于一个人身上这一明显的矛盾。因为,显而易见的是,优越感和自卑感就如同正常的情感一样是一种自然的互补关系。如果感觉不到我们目前状态下的某种欠缺,我们就不会去追求优越和成功。我们知道这些所谓的情结是从自然的情感中发展出来的,可以说,如果这些情结中存在着矛盾的话,自然情感中也存在着同样的矛盾。

人对优越的追求是无止境的。实际上,它是构成个人的心理与精神的材质。正如我们已说过的那样,生活就是要达到某一个目标或某一种完型,而对优越的追求便是将这种计划付诸行动的动力,它像一泓溪流一样,将它所能发现的一切物质席卷而下。如果我们观察那些不爱活动、对任何事物都缺乏兴趣的懒惰儿童,我们会觉得他们好像根本没有运动。但是,尽管如此,还是可以在他们身上发现一种追求优越的欲望,这种欲望促使他们说出这样的话:"如果我不那么懒的话,我可以当上总统!"因此可以说,他们也是在活动着、奋斗着的,只不过他们的这种活动与奋斗是有条件的。他们自视很高,而且认为自己在生活方面可以有很多作为,只要……自然,这不过是在自欺欺人、想入非非而已。众所周知,人类常常满足于虚假的幻想,缺乏勇气的人尤其如此。他们喜欢在虚构中自我陶醉,他们感到自己并非强者,所以选择绕道而行——总是想逃避困难。通过这种方式,他们觉得他们比真实的自己更强大一些,更聪明一些。

有些儿童出于某种优越感而开始偷窃。他们相信自己有能力欺骗别人，而别人绝不知道他们在偷东西。这样不须花多大力气，就可以变得富有。这种优越感在罪犯中也很常见，他们认为自己是高于他人的孤胆英雄。

我们已经从另一个方面——即把它作为隐秘智力的一种表现形式——谈到过这一特性，它不是公共意识或社会意识。如果一个杀人犯认定自己是一个英雄，这只是他自己的想法而已。他缺乏勇气，因此对事情做这样的安排，以使自己能够逃避生活中的真实问题。根据以上分析，犯罪行为就不再是什么根本的、原始的人性恶的表现，而是一种优越情结的扭曲结果。

在神经病患者身上我们能看到同样的征兆。比如，因为失眠导致第二天没有足够的精力来完成工作，于是他们认为不能再要求他们去工作，因为他们已不能胜任他们从前能够胜任的工作了。他们悲叹道："只要能够睡好觉，我什么事不能干呢！"

同样的情况也发生在抑郁症患者的身上。他们的忧虑使得他们如同专制暴君似的凌驾于他人之上。事实上，他们用忧虑来统治他人，因为他们总是需要有人和他们在一起，不管到哪里、干什么都必须有人陪伴着。那些陪伴者就只好被迫按照患者的需要来安排生活。

抑郁的人和精神错乱的人在家庭中总是注意的中心。在他们身上我们看到了那种被自卑情结支配的力量。他们抱怨身体虚弱，体重减轻，等等。但尽管如此，他们还是最强势的人，凌驾于健康人之上。我们不必因此而吃惊，因为在我们的文明中，虚弱者也能够具备强势。（如果有人问，在我们的文明中，谁是最强者，符合逻辑的回答事实上应该是：婴儿。婴儿统治他人而绝不能被他人所统治。）

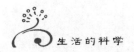

现在让我们来研究一下优越情结和自卑情结之间的联系。以一个具有优越情结的问题儿童为例：他骄傲自大，性格十分好斗，总是想表现得比他本来的样子更强大。我们知道，脾气大的儿童常常通过突然袭击而达到控制他人的目的。为什么他们这样迫不及待呢？因为他们并不确信自己强壮得足以达到自己的目标，他们实际上是感到自卑。在斗殴中，我们总会在那些好斗的儿童身上发现自卑情结和一种要克服这一自卑情结的冲动。这情景就好像是他们为了要显得强大，千方百计地踮高脚跟，并以这种伎俩来赢得成功、自豪和优越。

对于这样的儿童，我们必须找到治疗他们的办法。他们选择那样的行为方式是因为他们没有看到生活的连贯性和事物的本然秩序。我们不应该责难他们，因为他们不想看到这一点。如果让他们直接面对这个问题，他们总会坚持说他们没有感到自卑，相反，他们感到优越。因此，我们必须以一种友好的态度向他们解释我们的观点，使他们最终理解这一点。

如果一个人爱炫耀自己，这仅仅是由于他感到自卑，因为他感到自己没有足够的能力在生活的有用方面同他人竞争。那正是他为什么总是纠缠在无用方面的原因。他与社会不能和谐相处，也不能很好地适应社会，他不知道怎样去解决生活中的人际关系问题。在他的童年时期，他总是同他的父母、老师发生对抗。遇到这类例子时，我们必须明白这种情形背后的逻辑，同时还必须使儿童也明白。

在神经病案例中，也可看到自卑情结与优越情结的结合。神经病患者常常表现出优越情结而看不到自己的自卑情结。

在一个家庭中，如果有一个孩子很受宠爱，其他的孩子就会产生一种自卑情结并且努力去追求优越。如果他们的兴趣不只是局限于他们自己身上，而是同时也关心其他人的话，他们就会圆满地解决生活中的问题。但是，如果他们的自卑情结已在他们的心灵之中烙下了清晰的印记，他们就会发现自己似乎是生活在一个敌对的环境中——他们关心自己的利益总是胜于关心他人的利益，因而缺乏应有的公共意识。他们带着一种感情去看待生活中的社会问题，而这种感情又无助于解决问题。于是，他们走向生活中无用的一面以寻求解脱。我们知道那并不是真正的解脱，但不用解决问题而只是依赖于他人却又似乎是一种轻松的解脱方法。他们像乞丐一样，依赖他人得以生存，神经病似地利用自己的软弱而求得舒适度日。

一旦个人——不论是儿童还是成人——感到软弱时，他们就不再对社会感兴趣，而转向努力追求优越的虚幻目标。这似乎是人性的特征之一。他们想这样来解决生活问题，以使他们能获得个人的优越而不须掺和任何社会兴趣。只要一个人在努力追求优越的同时把这种优越同社会兴趣结合起来，那么他就是站在生活的有用方面，并且可以成就卓然。但如果他缺乏社会兴趣，就不是真正做好了准备去解决生活中的问题。正如我们已经说过的那样，问题儿童、精神错乱者、罪犯、自杀者都可以归入这一范畴。

在没有谈到自卑情结和优越情结与正常人的关系之前，我们不应轻易为自卑情结与优越情结这一题目做出一个一般性的结论。如上所说，每个人都有自卑感，但这种自卑感并不是一种病，反之，它对于健康的、正常的奋斗与发展倒是一种有益的刺激。只有当这种欠缺感完全压倒了某一个人，并且不再刺激他

倾向于积极的活动,而是使他抑郁,使他不能得以发展,只有在这种情况下,它才变质为一种病理状态。对于一个有自卑情结的人来说,发展一种优越情结是逃避困难的办法之一。他假设自己是优越的,尽管事实并非如此;这种虚假的胜利补偿了他所不能忍受的自卑状态。一个正常人是没有优越情结的,甚至连优越感也没有。但他仍然为达到优越而奋斗。这种优越就是我们大家都有的那种想要获得成功的雄心宏愿。只要这种奋斗是通过切实的事业表现出来的,它就不会导向种种虚假的价值观,而这种种虚假的价值观则是精神病的根源。

病　　例

我们看一下一个强迫性神经症女孩的病史,就很能说明这个问题。她的姐姐长得妩媚动人,深得众人的爱恋。这一点从一开始就很重要,因为,如果一个家庭中的成员之一比其他成员都显得出色的话,那么后者多少会遭受不利的影响。无论受到殊遇的是父亲、是孩子还是母亲,后果都全然一样。家庭中的其他成员便会因此而处于一种相当困难的境况之中,有时这种困境还会严重到令他们难以承受。

这个姑娘感到自己受到了许多限制。如果她具有社会兴趣,而且能够明白我们现在所明了的事情,那么她就能沿着另一条道路发展。她开始学音乐,但总是过于紧张,老想着那位人人称赞的姐姐,从而形成了一种自卑情结。由于这个原因,她在学习上便受到严重阻碍。她20岁时,姐姐出嫁了,于是她也开始物色丈夫以期能和她姐姐比一比。这样,她就越陷越深,越来越背离生活中健康的、有用的一面。她产生了一种想法,觉得自己是一个邪恶的女孩,掌握着可以把人送到地狱里去的某种魔力。

我们可以把这种魔力看作是一种优越情结。但另一方面她又抱怨不止,就像有时一些富翁抱怨他们作为富翁有多么的不幸一样。她不仅觉得她有把人送到地狱的魔力,同时又感到她能够、也应该拯救这些人。当然这两种说法都是滑稽可笑的,通过这种虚构体系,她使自己确信她有一种力量高于备受宠爱的姐姐,她只要用这个办法就可以战胜姐姐。同时,她又抱怨她有这种力量,因为她越是这样抱怨,就越能使人相信她确实掌握着这么一种力量。只有通过抱怨,她才能对她的命运感到愉快。我们在此看到,一个优越情结有时候可能是隐藏着的,未能作为现实而被承认,但又事实上存在着,成为对自卑情结的一种补偿。

现在再来谈谈那位备受宠爱的姐姐。在三年的时间里她是家里唯一的孩子,娇生惯养,是家庭注意的中心。三年后,又来了一个小妹妹,这就改变了她的整个处境。在此以前,她一直是独一无二的注意中心,现在却突然失去了这个地位。结果,她变成了一个争强好胜的女孩。但是,只有在她的同伴比她更弱的情况下,她才与她(他)发生争斗。好强的孩子并不是真的勇气十足——他只同弱者相斗。如果在一个孩子所处的环境中,人人都很强,那么他(她)就不会变得好斗,而会变得乖戾或者抑郁,因此也可能在家庭的圈子里不那么受人喜欢。

在这种情况下,这位姐姐感到她不像以前那样受宠了。大家表现出来的那种改变了的态度使她深信这一点。她认为她的母亲是有罪的人,因为是她把妹妹带进了家中。这样我们就能够理解她对母亲的攻击行为。

另一方面,那个还是婴儿的小妹妹必须像所有的婴儿一样得到照顾、注意和娇惯,她因此处于一个受宠爱的地位,不需要自己去努力,也不需要去争宠。她于是长成一位非常甜蜜、温柔与讨人爱的姑娘——成了家庭的中心人物。

那么,现在让我们来看看这种甜蜜、温柔和善良是否属于生活中有用的方面。我们可以假定,她之所以如此的柔顺可爱,完全是因为她太受娇宠。然而我们的文明并不格外宠幸受娇纵的儿童。有时,父亲意识到这一点并企图结束这种状况;有时则是学校负起这种责任。这类儿童的地位始终处在危险之中,他们自己也因此感到自卑。不过只要他们处在顺境中,我们就不会觉察到这种自卑感。但一旦遭遇逆境,他们不是完全垮掉、变得抑郁寡欢,就是发展出一种优越情结。

优越情结和自卑情结有一点是相同的,即它们总是处在无用的方面。我们永远也不会看到一个傲慢无礼、具有优越情结的儿童会处在生活有用的方面。

一旦这些被娇纵的儿童进入学校后,他们就不再处于一种有利的环境中了。从这时起,他们就在生活中采取了一种犹豫不决的态度,从来不能完成任何工作任务。我们前面说起的那位妹妹的情形就是这样。她开始学缝纫、学钢琴,等等,但很短一段时间以后就停止。同时,她对社会生活丧失了兴趣,再也不想走出家门,终日郁郁不乐。她觉得姐姐讨人喜欢的种种特点是罩在她头上的阴影。她犹豫不决的态度使她变得软弱,并导致了她性格恶化。

在以后的生活中,她在职业问题上犹豫不决,从未做成过任何工作。在婚姻恋爱方面,她彷徨不定,尽管她很想同她的姐姐竞赛。当她30岁时，她找到了一个患肺结核的男子。自然她的这一选择会遭到父母的反对。在这种情况下，她完全不必做出任何止步的行动，因为父母阻止了这门婚姻，使它未能成功。一年后，她同一个比她大35岁的男人结了婚。照现在的世俗观点，这样一个人已经不再被看作是一个真正的"男人"了，这桩婚姻似乎也是毫无用处的。我们发现，自卑情结常常表现在这样一种行为中，即选择一个年长得多或一个不能结婚的人——比如一个已婚男人或女人——作为自己的配偶，而一旦遇到阻碍，他们总会完全放弃。由于这位姑娘在婚姻中没能证实她的优越感，她便寻找另一条获得优越情结的途径了。她坚持认为，世界上最重要的事情是责任。她不停地洗手，如果什么人或什么东西碰了她，她又得重洗一遍。这样她变得全然孤立起来。但事实上，她的手又脏到了无以复加的地步。其原因是显而易见的，因为她无休止地洗手，使她的皮肤粗糙异常，以致手上形成了大量的秽物。

这一切看来都好像是一个自卑情结，但她却觉得她是这世界上唯一纯洁的人。她不断地指责其他人，因为他们没有她那种洗手癖。她像在哑剧中扮演着自己的角色，她总想高于他人，而用这种虚构的方法她也确实是高于他人了：她是世界上最纯洁的人。我们这才看到了她的自卑情结转变成了表现得异常清楚的优越情结。

在那种权欲熏心的自大狂中，我们也能看到同样的现象：他们以为自己就是耶稣基督或者皇帝。这样的人是处于生活中无用的方面的；他似乎是非常逼真地在扮演着自己角色。他孤立于生活之外。回溯他的过去，我们会发现，他极为自卑，因此

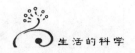

采取一种毫无价值的方法发展了他的优越情结。

有一则病例,是一个因幻觉而被送进精神病院的15岁的男孩。那是在战前的时候。他在幻觉中以为奥地利国王死了。这当然不是事实,但他却声称国王托梦给他,要求他统率奥地利军队同敌人作战。多么想入非非!别人拿报纸给他看,报纸上说国王在城堡里逗留,国王乘车出巡,等等,但他全然不信。他坚持说国王已经死了,并曾托梦于他。

那时,个体心理学正在寻找睡觉的姿势对于指示一个人的自卑感和优越感的重要作用。这个男孩的病症对此无疑提供了非常有用的证明。有些人睡在床上像一只刺猬一样,弯曲着身子,用被单蒙着脑袋。这种姿势表明他们具有自卑情结。难道我们能够相信这些人是勇气十足的吗?如果我们看见一个把身体挺得很直的人,难道我们能够相信他在生活中是软弱无能或者轻易屈服于外力的吗?无论在表面上还是在潜在的意义上,他都会表现出强大的品质和力量,正如他在睡觉时所表现出来的一样。据长期的观察认为,匍匐着睡觉的人一般都是倔强好斗之辈。

为了发现这个男孩清醒时的行为与睡觉时的姿势之间的相互关系,我们对他进行了观察。他睡觉的姿势像拿破仑一样,老爱把双臂交叉抱着放在胸前。大家在图片上都能看到拿破仑把双臂交叉抱在胸前的姿势。第二天人们问这男孩,"这种姿势能不能使你想起你所认识的什么人?"他回答说:"是的,我的老师。"这个发现使我们有点迷惑不解,后来才有人提醒说,也许这个老师有些像拿破仑。事实正是如此,而且这个男孩很喜欢这个老师,希望也能像他一样当一名老师。但由于缺乏供他上学的费用，家里只好把他送进一家餐馆去干活。在餐馆里，由于他身材矮小，遭到了客人嘲弄，他无法忍受这一切，企图逃避这种耻辱感。但他却逃向了生活的无用方面。

现在我们能够理解在这个男孩身上所发生的一切了。开始时他因为身材矮小而受到嘲弄，于是便产生了自卑情结。但他却在不断地追求优越。他想当一名教师，在遇到阻碍而未能达到这一目标时，便绕道走向了生活中无用的方面。这时他在睡眠和梦中获得了优越感。

我们由此知道优越目标既可以是在生活有用的方面，也可以是在生活无用的方面。举个例子，如果一个人仁慈、善良，这就有两种可能性，一种是他社会适应性很强，乐于助人；另一种可能性是自我吹嘘。心理学家们都遇到过这种类型的人，他们的主要目标就是夸夸其谈、自吹自擂。例子之一就是一个在学校里并不优秀的男孩。事实上他的品德非常糟糕，以至于发展到了逃学和偷东西的地步。但他却时刻是一个吹牛大王。他所有的这些行为都是出于自卑情结。他想通过某种途径来取得良好的感觉效果——但却是一条廉价虚荣心自我膨胀的途径。于是他偷钱，并给妓女送花和礼物。有一天，他驾车来到一个很远的镇上，在那里租了一辆六匹马的马车，驾着马车风光十足地在镇上兜风。他所有的行为都是要表现得比别人更强大，也比他自己的真实面目更强大。

在罪犯的行为中也有相似的倾向——一种声称轻而易举就能获得成功的倾向。前不久，纽约的报纸报道了一个窃贼闯进女教师家中进行辩论的案子。他告诉这些女教师说，她们根本不知道从事普通、诚实的职业很麻烦，而相较之下当一个窃贼则

容易得多。这个人逃到了生活的无用方面,但同时他也通过选择这样的道路而培育起了一种优越情结。他觉得自己比女人强,尤其是他手持武器而她们却是赤手空拳的时候。他能意识到自己不过是一个懦夫吗?我们知道他正是这样的懦夫,但他却自以为是一名不凡的英雄。

还有些类型的人转向了自杀,渴求以此来挣脱整个世界及生活中的困难。他们似乎把生命看得无足轻重,从而感到了优越。但实际上他们同样是十足的懦夫。我们知道,优越情结是第二个阶段,它是对自卑情结的补偿。我们必须随时去寻找这个有机的联系——这个看来似乎矛盾,但却是与人性相吻合的真实联系。这种联系一经发现,我们就能够对自卑情结和优越情结进行治疗。

第四章

生活风格

　　生活风格这一概念是怎样与我们在前面几章里所讨论的问题联系起来的呢？我们已经知道，有生理缺陷的人面对困难产生的不安全感令他们遭受着自卑感的折磨。但是，人们不可能长期忍受这种状况，自卑感促使他们行动，从而导致一个目标的产生。长期以来，个体心理学把导向这一目标的行动称作生活计划，但由于这一名称时常引起误解，所以，现在将它改为生活风格。

如果观察一棵长在山谷里的松树和一棵长在山顶上的松树,我们就会注意到它们的生长情况是截然不同的。同是属于松树这样一个树种,但它们却具有两种不同的生活风格。树的生长风格即是树的个性,它是在一定的环境背景下形成的。当我们以某种环境为背景来看待某种风格时,可能会发现它与我们所预期的不尽相同,每棵树都有一个自己的生活模式,而不仅仅是作为对环境的一种机械的反应。

　　人也同样如此。我们是以一定的环境为背景来看生活风格的。由于意识随环境的变化而变化,因此我们的任务就是分析生活风格与现实环境的直接关系。一个人处于顺境之中时,我们就不能清楚地看到他的生活风格。当他处于困难的陌生环境中时,其生活风格才会异常清晰地显露出来。一个有经验的心理学家甚至在面对一个处于优越境遇中的病人时,也能明了他的生活风格。但如果要使这一生活风格对一般人都表露无遗,则必须待到他身陷困境之后。

生活不是游戏，它充满着困难。人们所生活的环境总有艰难阻塞。我们要研究的正是人们在遭此困难时所表现出的异常活动和独特的性格标记。如前所述，生活风格源于早期生活的困难之中和对目标的追求之中，因此它是一个统一体。

但是，我们对"将来"比对"过去"更感兴趣。为了理解一个人的将来，就必须理解他的生活风格。如果不能做到这一点，即使我们了解了本能、刺激、驱力等因素，也还是不可能预测将来。有些心理学家试图通过注意一定的本能、印象或创伤来得出种种结论，但更为深入的观察证明，这一切因素都是在预示着一种始终一贯的生活风格。因此，无论什么样的刺激，都只能起到"保护"和"稳固"一种生活风格的作用。

生活风格这一概念是怎样与我们在前面几章里所讨论的问题联系起来的呢？我们已经知道，有生理缺陷的人面对困难产生的不安全感令他们遭受着自卑感的折磨。但是，人们不可能长期忍受这种状况，自卑感促使他们行动，从而导致一个目标的产生。长期以来，个体心理学把导向这一目标的行动称作生活计划，但由于这一名称时常引起误解，所以，现在将它改为生活风格。

由于每个人都有一种生活风格，因此通过与一个人交谈并让他回答各种问题就可预测他的将来。这犹如观看一出戏的第五幕，一切的悬念都已水落石出。我们之所以能够做出如此的预测，在于我们知道了生活的各个阶段、各种困难以及问题。我们因此能够从事实中得到的经验和信息来预测对于各种不同的儿童将发生的情况，例如对于那些总是把自己孤立于他人的儿童，对于那些寻求依靠的儿童，那些被娇惯的儿童，以及那些在

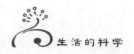

接近新环境时犹豫不决的儿童将发生的情况。对于一个把寻求他人的依靠作为目标的人来说，将会发生什么样的事情呢？他将在生活的问题面前犹豫不决，停步不前，或者逃避对这些问题做出应有的决断。我们知道他的这些行为方式，因为类似的情形我们已见过千百遍了。他不愿意独自前行，总希望被人娇惯；他想远离生活中的重大问题，以一些毫无用处的事情来纠缠，而不去为有用的事情奋斗。缺乏社会兴趣的他最终可能发展成问题儿童、神经病患者、罪犯，甚至走向自杀这条最为彻底的逃避之路。现在我们对所有这一切情形都有了比过去更为深刻的认识。

譬如，我们已经懂得，在探寻一个人的生活风格时，可以用正常的生活风格作为衡量的尺度；还可用社会适应良好的人作为准尺，以此来测量异于正常的各种变异形式。

理解生活风格

现在我们来展示一下确定正常生活风格的方式，并在此正常生活风格的基础上了解人类的种种错误与特殊性。但应该明确，我们不会把人类的心理研究做成类型的研究。这是因为每一个人都有其自身的生活风格，你不可能找到两个完全相同的人，正如你不可能在同一棵树上发现两片完全相同的树叶一样。大自然是如此的丰富多彩，刺激、本能与错误的可能性是如此的难以计数，这使得两个完全相似的人的存在成为不可能。说到类型，我们也只是把它作为一种方便法门来理解个人之间的相似性而已。预先设定一种聪明的分类，譬如某种人格类型，然后

研究其特异之处，会使我们做出更好的判断。然而，在这样做的时候，我们不能老是运用同样的分类方法，而是应该灵活运用最有助于我们揭示某种特殊相似性的分类方法。那些古板地对待类型与分类的人，一旦把某人列入某个分类以后，就再也想不到还能将他归入另一种类型。

举一个例子可以将我们的观点阐述清楚。譬如，当我们谈到社会适应不良类型的个人时，我们指的是那些没有任何社会兴趣、生活贫乏而孤独的人。这是划分人格类型的一种方法，也许是最重要的一种方法。然而考虑到每个个体，我们不难发现，有些人的兴趣——不管这种兴趣怎样有限——是集中于视觉事物的，这样的人就与那些主要兴趣在口头言词的人全然不同，尽管他们都同样不能适应社会，都同样很难与同伴建立起相互的联系。因此，如果我们意识不到划分类型只是为了方便而采用的一种抽象方法，这种分类可能会成为科学研究的混乱之源头。

现在让我们把注意力放在正常人身上。他们是我们测量变异形式的基本标准。正常人的生活模式具有很强的适应性，这使得社会能够从他的工作中获得直接或间接的益处。从心理学的角度看，他有足够的精力与勇气直面问题与困难。心理疾病患者恰恰缺乏精力与勇气这两种品质：他们既不能够适应社会，也不能够在心理上进行调整以适应生活中的工作与任务。作为例证，我们举出一则病案来讨论。一个30岁的男人，总是在最后的时刻逃避对问题的处理。他有一个朋友，但他常常怀疑他们之间的友谊难以顺利发展。这种紧张状态不益于友谊成长。自然而然地，此人除了有几个可以寒暄几句的泛泛之交以

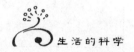

外,实际上没有任何真正的朋友。他对结交朋友既不感兴趣,也不适应。事实上他根本不喜欢应酬之道,与人共处时总是沉默寡言。对这一点他解释说,与别人在一起,他从来没有任何想法,因此无话可说。

这个人还十分羞怯。他说话时脸总是一阵阵地发红。但一旦他克服了羞怯情绪,就能讲得很好。他真正需要的正是来自这方面的有效帮助,而不是批评。自然,他那种局促状态下的猥琐形象不为他的同伴们所喜欢,他感受到了这一点,也就更增添了他对说话的厌恶。或许可以说,他的生活风格就是:在接近他人时把注意力引向自己的羞怯。

在职业问题上,这位病人总是害怕不能胜任工作,因此夜以继日地学习,搞得自己劳顿不堪,紧张过度,最后不得不以辞职了事。

如果对照一下这个患者对待生活中两个问题的态度,我们可以看出他总是处于极度紧张的状态。这一点是自卑感极重的一个标志。他过低地估计自己,并把其他人以及陌生的环境都看成是对他不友好的,他的一举一动都让人觉得他仿佛是处于敌对的环境之中。

现在我们已经有了足够的材料来勾画出这个人的生活风格。可以看出,他希望在生活中向前进,但同时又因害怕失败而束手束脚,以至于惶惶然如临深渊。只有在一定的条件下他才能够向前迈步,否则他情愿待在家里,远远地避开人群。

恋爱是他面临的第三个问题。对于这个问题,大多数人都没有足够的思想准备。他在接触异性时犹豫不决。他发现自己是希望恋爱和结婚的,但出于极重的自卑感,又不敢面对自己的未来。他所希望的一切都难以如愿以偿；我们可以将他所有的行为和态度用"是的……但是"这样一个转折句来总结。他会在与一位姑娘谈恋爱的同时，又与另一位姑娘搭讪。当然，这对于神经质患者来说是常有的事情，因为从某种意义上说，两位女友加在一起会少于一位女友。这个事实或许可以解释一夫多妻制的倾向。

现在，让我们着手来找出这一生活风格的原因吧。个体心理学就是以分析生活风格的原因为己任的。这个人在四五岁时就确立起了他的生活风格，那个时候发生的某种悲剧造就了他，因此我们必须找出这一悲剧的蛛丝马迹。我们看出，有某种东西使他丧失了对他人的正常兴趣，并在他心灵上留下了一个印象——生活是一个巨大的难题，与其总是面对困难的处境，倒不如远离喧嚣为好。于是他变得谨小慎微、优柔寡断，总是想找到逃避的道路。

必须提到他是家中长子这一事实。这一出生顺序的重大意义我们已经说过，而且也已揭示：他幼年时一直是家人关注的中心，但他这种荣耀的地位却被另一个孩子代替了。我们发现，许多害羞和害怕冒风险的人之所以如此，其原因就是家中有一个弟弟或妹妹受到了更多的偏爱。因此，这一病例的症结就水落石出了。

在很多情况下我们只需要问一问病人：你是家中第一个、第二个还是第三个孩子？然后，我们所需的一切材料就完备了。当然，也可用另一种完全不同的方法：询问病人的早期记忆——这个问题在第五章里我们将用相当的篇幅加以讨论。这是一个很有价值的方法，因为早期记忆或者最早的生活场景是

形成我们称之为原型的早期生活风格的直接原因。一旦某人讲出了自己的早期记忆,我们就会发现其原型的真实的一部分。只要回忆一下,每个人都可以记起某些重要的事情,而且,记忆中无法消除的事情也确实都具有举足轻重的影响。

某些心理学派根据一种相反的假设认为,被人遗忘的事情才是最重要的。然而,这两种观点实际上并没有太大的区别。一个人或许能告诉我们他意识中的记忆,但他却不知道这些记忆的特殊意义,看不到这些记忆与其行为之间的联系。因此,不管我们是强调有意识记忆的隐秘的或被忘却的意义,还是强调被遗忘了的记忆的重要性,其结果都并无二致。

对早期记忆的哪怕很少的一点描述都具有高度的启发性。某人可能会告诉你,他小时候,母亲带他和弟弟去市场。这一点就可以让我们发掘其生活风格。对他而言,有一个弟弟是十分重要的事情。如果更进一步地对他加以引导,他也许会回忆起早期生活线索中类似这样的情形:没多久开始下雨,母亲把他抱起来,但当她看到弟弟时,就放下他而去抱弟弟了。我们可以这样来描述他的生活风格。他总是感到另有一个人比他更得宠,由此我们能够理解他与人相处时沉默不语的特点了,因为他老是在四下里窥探是否有人会比他更受欢迎。在友谊问题上也同样如此,他时刻疑心他的朋友会喜欢另外的人,结果这种怀疑使自己永远找不到真正的朋友。他多疑,好猜忌,不断找些小事情来干扰友谊。

我们还可以看到,他所经历的悲剧如何妨碍了他的社会兴趣的发展。他回忆说,"母亲把弟弟抱了起来"。我们从这一点可以看出他已经感受到弟弟比他更多地受到母亲的关注。既然

感受到了这一点,他于是不断地寻找那些能够足以证实他的想法的东西。他完全相信他的想法是正确的,因此,他便总是处于紧张状态——总是处于别人得宠而他却要奋力抗争的困难境况。

对这样一位敏感而多疑的人来说,唯一的办法就是让他完全地孤立起来,使他能免去同其他人竞争。他似乎成为地球上唯一的人。有些时候,一个儿童确实会产生这种幻象:整个世界轰然倒塌,只剩下他一个人,于是再没有别人来与他争宠。他寻找着一切使自己获救的可能性,但却没有走一条符合逻辑、常识与真理的道路——而是走了一条猜疑的道路。他生活在一个狭小的天地里,私下怀着一种避世的念头;他与旁人毫无联系,也对他们毫无兴趣。但他不应因此受到责备,因为他不是一个严格意义上正常的人。

改正生活方式

对于这样一个人,我们的任务就是使他具有常人所需要的社会兴趣。怎么办到这一点呢?对待这种人的最大困难就是,他们过于紧张,并且总是不停地寻找能够确认他们那些固定观念的证据。因此,如果我们不能以某种方式解除他们先入为主的人格盔甲,就绝不可能改变他们的固执观念。要达此目的,非运用某种艺术和技巧不可。最好的方法是,医生对病人不要联系过密或兴趣浓厚。因为,如果医生对病例产生了明显的兴趣,他将会发现自己对病人的关注是出于兴趣,而非为了病人的利益。病人也会注意到这一点,他将因此而变得更加多疑。

重要的问题在于我们要减轻病人的自卑感。自卑感是不可能完全根除的,况且我们也并不希望将它完全根除掉,因为自卑感可以作为一种有益的基础以促进个体的发展。我们必须做的只是改变其目标。我们看到,病人的目标是一种逃避的目标,情形之所以如此仅仅是因为别人受到了欢迎与喜爱。因此,我们必须针对这种观念情结(complex of ideas),向病人说明他低估了自己,来减轻他的自卑感。我们可以指出他行为的乖谬悖常之处,和他那种如临深渊、如履薄冰的过分紧张的倾向。可以向他指明,他害怕别人受到喜爱的担忧正是阻止他完成最好的工作、造就最佳的自然印象的最大障碍。

如果这样一个人能在社交聚会中充当主人的角色,友好地招待朋友们,考虑他们的兴趣和利益,使他们得以度过一段愉快的时光,那么,他的情况就将大大改善。但在平常的社会生活中情况往往并不如此,我们看到他既不能自得其乐,也想不出什么创意来,结果就只会自我安慰:"都是些笨蛋——他们没法让我高兴,也没法使我产生兴趣。"

这种人的问题在于,他们的个人见识(private intelligence)和社会常识的缺乏使得他们不能理解周遭环境。正如我们已经说过的那样,他们仿佛总是四面楚歌,每天都过着一种孤雁失群的生活。这种生活的确是人类境遇中一种悲剧式变态。

现在让我们来看另一个具体的例子——一个抑郁症病人。抑郁症是一种非常普遍的疾病,但可以治愈。一般在幼年时就能发现患者的异常。事实上,我们观察到,许多儿童在进入一个新的环境时,都表现出抑郁的征兆。现在所讲的这个病人大约有过十次发病的记录,每次发病的时间都是在他调换新工作的时候。但只要待在老位置上，他就几乎完全正常。他不愿融入社会，但又希望统治别人，结果弄得没有朋友，到了50岁还没有结婚。

为了研究他的生活风格，我们应该看一看他的童年时代。他从小就十分敏感、争强好胜，老是强调他的痛苦与虚弱，以此来使哥哥姐姐们服从自己。有一天在床上玩的时候，他把哥哥姐姐们全都推下床去。姑妈为这件事训斥他时，他说道："因为你责备了我，现在我的整个生活都被毁掉了！"那时他只有四五岁。

这就是他的生活风格——总是希望统治他人，总是抱怨自己身体虚弱、情感痛苦。这一特点在后来的生活中将他引向了抑郁，而抑郁不是别的，正是一种软弱的表现。每个抑郁症患者所用的语言几乎都是相同的："我的整个生活都被毁了。我的一切都失去了。"这种人由于受惯了娇养，生活情境中出现任何困难与挑战自然就影响了他的生活风格。

人类对环境的反应与动物很相似。对于同样环境一只兔子的反应与一只狼或一只虎的反应不同，人类的每一个体也是这样。有人做过这样一个试验：将三个不同类型的男孩带到一个狮子笼前，以此来观察他们第一次看到这可怕的动物时各自的反应。第一个男孩背转过身子，说："我们回家吧。"第二个男孩说："真好玩！"他想表现得勇气十足，但他说话时却在发抖，他其实是个胆小鬼。第三个男孩说："我可以对它吐唾沫吗？"这里我们看到了三种不同的反应，看到了处在同一环境时的三种不同的态度。同时我们也看出，大多数人都有害怕的倾向。

这种胆怯在社会环境中表现出来时，往往就成了适应不良

的原因之一,而且是最经常发生的原因。某人出身于一个社会地位很高的家庭,他从不自己努力,总是希望依靠他人。他表现得十分软弱,当然也就找不到工作。后来家境日下,他的兄弟们对他说:"你真笨,连工作也找不到。你简直一事无成。"他开始酗酒,几个月以后便成了一个地地道道的酒鬼,被送进监狱监禁两年。监狱生活对他有所帮助,但却并未使他长久地获益,因为两年后他又被毫无准备地送回到社会中去了。虽然他是这个有名望的家族的后代,但他除了当苦力,还是找不到工作。不久,他开始产生幻觉,以为有人嘲笑他,所以他无法工作。起初他不能工作是因为他酗酒,后来则是因为产生了幻觉。由此我们看到,简单地让一个酒鬼清醒过来,并不是正确的治疗方法,我们必须找到他的生活风格并对其加以改正。

通过调查发现,这个人小时候多受娇惯,总是想得到别人的帮助。他没有足够的准备以胜任独立的工作,我们已经看到了这一点的后果。我们必须使所有儿童都具有独立性,只要让他们弄清楚自己生活风格中的错误,就能够帮助他们。对上面所说的那个孩子,应该训练他做成一些事情,然后他就不会在兄弟姐妹面前感到惭愧了。

第五章

早 期 记 忆

如果想要判断一个人的生活风格,无论这个人是成人还是孩子,都应该在听取他的抱怨之后,询问他的早期记忆,然后将这些记忆同他所提供的其他事实相互印证。

对个人生活风格的重要性分析完毕,现在该转向早期记忆这个题目了。这也许是发现一种生活风格的最重要的方法。通过回顾童年时代的记忆,可以比其他方法更为有效地将原型这一生活风格的核心揭露出来。

如果想要判断一个人的生活风格,无论这个人是成人还是孩子,都应该在听取他的抱怨之后,询问他的早期记忆,然后将这些记忆同他所提供的其他事实相互印证。

在大多数情况下,生活风格是不会改变的。一个人总是保持着同一种个性,永远是那同一个统一体。正如我们所揭示的那样,生活风格是一个人在追求某一特殊的优越目标的奋斗过程中建立起来的,因此,他的每一句话、每一个行动以及每一种情感都应被看作是一个完整的"行动路线"(act line)的有机组成部分。这一"行动路线"在有些点上显示得较其他地方更为清楚,这在早期记忆中尤其明显。

然而,我们不应把新旧记忆截然区分开来,因为在新的记忆中也仍然牵涉着行动路线。但从人生的起始处去找寻行动路线更为容易，也更为清楚，因为在那个阶段上我们可以发现主题并能确认一个人的生活风格为何不会真正改变。在四五岁时形成的生活风格中，我们发现了过去的记忆与现在的行为之间的联系。因此，在经过许多类似的观察之后，我们便能够坚信这一理论：从早期记忆中可以找到患者原型的一个真实片断。

当患者回顾过去时，我们可以肯定，从他记忆中调取的事情都是他在情感上感兴趣的，因而能使我们找到通往他人格的一条线索。不容否认，被忘却的经历对于生活风格和原型来说也同样重要，但要找出这些遗失的记忆，或所谓的无意识记忆，则是一件困难的事情。有意识记忆与无意识记忆都有一个共同的性质，就是奔向同一个优越目标，二者都是一个完整原型的一部分。因此如果有可能，最好是将二者都挖掘出来，它们最终都有着同等的重要意义。一般来说，个人本身对这两者都不甚理解。而理解和解释它们是局外人的事情。

我们从有意识记忆开始吧。有些人被问及其早期记忆时，回答说："我什么也不知道"。我们必须要求他们集中注意力，努力回忆。经过一定的努力以后，你会发现他们记起一些事情，但他们的这种犹豫与拖延则可以被看作是不愿回首往事、重温童年的情景，由此我们可以断定他们的童年是不愉快的。对这种人必须加以引导，提出暗示，以发现我们所需要的东西，最终他们总能回忆起一些事情。

有些人宣称能够回忆起他们一岁时的情景，这种可能性极小。事实的真相可能是，这些记忆是想象出来的，而不具备真实性。但既然想象的记忆和真实的记忆都同样是人格的组成部

分,记忆的真实与否也就无关紧要了。有些人坚持说,他们不能肯定某件事情是他们自己回忆起来的,还是父母告诉他们的。这也不重要,因为,即使是出于父母之口的事情,却被他们牢记在心,因此也就能够帮助我们了解他们的兴趣所在。

记忆的形式

正如我们在第四章里所解释过的那样,为了某些目的对人加以分类是有其方便之处的。早期记忆便是以类区分,并揭示各种类型的人所应有的行为表现。比如,以这样一个人为例,他记得曾经看见过一棵瑰丽的圣诞树,树上挂满彩灯、礼物以及节日糖果。这之中最有趣的事情是什么呢?答案便是他曾经看见过这一事实。他为什么要告诉我们他看见过呢?这是因为他总是对视觉事物感兴趣。他一直都在与视力上的困难做斗争,并在人为的训练之下,对观看(seeing)变得饶有兴趣和专注。这也许并不是他生活风格中最重要的因素,但却是有趣而重要的一个部分,它向我们指明了,如果要给他一个职业的话,那么这个职业应该能够让他使用眼睛。

学校里对儿童的教育严重忽视了这种关于类型的原理。我们可能发现对视觉感兴趣的儿童不愿听课,因为他们总是想找点什么东西看。对待这类儿童必须耐心地教导他们使用听觉。在学校里,许多孩子由于只喜欢某一种感官的活动,因此他们可能仅仅擅长于听或者擅长于看,另一种儿童则总喜欢活动。我们不可能指望从这三个不同类型的儿童身上得到同样的效果,尤其是当老师偏爱一种教学方式,比如对喜欢使用听觉的儿童有利的方式,一旦使用了这种方式,那些爱用视觉、爱好活动的儿童便会感到难受并使其发展受阻。

看看这样一个例子,一个 24 岁的年轻人,患有阵发性昏厥症。当问及他的早期记忆时,他回答说在 4 岁时曾因听到火车汽笛声而昏倒。换句话说,他曾听见过并因此发展了听的兴趣。在这里没有必要解释他后来是怎样患上阵发性昏厥症的,只需注意他在童年时对于声音相当敏感这一事实就足够了。他一定具有较高的音乐素质,因为他不能忍受噪声、不和谐以及刺耳的音调。因此,汽笛对他竟能产生那么大的影响,也就没有什么令人吃惊之处了。无论儿童还是成年人常常由于深受其苦而对某些事物产生兴趣。读者还会记得在第二章里提到过一个患气喘病的人,他童年时身体曾被紧紧地捆绑过,压迫了肺部,结果,他对呼吸方法产生了特殊的兴趣。

你还可能会遇到一些兴趣似乎只在食物上的人,他们的早期记忆一定与进食有关。对他们来说,世界上最重要的事情似乎就是怎么吃东西,吃什么,不吃什么。我们常常发现这种人在早期生活中遇到的与进食有关的种种困难导致了他们对进食更加重视。

现在再来看看与运动和走路有关的记忆。我们看到许多儿童由于虚弱或患软骨症,在开始的时候不能行走自如,因而他们就对走路表现出了近乎变态的兴趣,总想走得快些。以下的例子便是对此的充分证明。一个 50 岁的男人到医生那儿诉说,当他陪同别人横穿街道时,他总是极度害怕他们俩都会被汽车撞上。但当他独自过街时,却从未出现这种恐惧感,甚至还神情自若。只是在与他人一道时,他便总是想救这个人,他会抓住同伴

的手臂,一会儿将他推向左,一会儿将他推向右,结果倒是惹恼对方。尽管这种例子不很常见,但偶尔也能遇上。我们来分析一下他这种愚蠢举动的原因。

当问起他的早期记忆时,他说在3岁的时候,他走路走不好,并患着佝偻病,曾两次在过街时被车撞倒。现在他已是成人了,所以,向别人证明他已经克服了这一弱点对他来说是十分重要的。可以说,他是想显示自己是能独自穿过街道的人。无论何时,只要与别人一起走路,他总要找机会来证实这一点。自然,能够安全地过街对于大多数人并非那么值得骄傲,也没有必要非得在这一点上与他人比个高低。但对于这类病人来说,活动的欲望以及炫耀其活动能力的欲望却可能是非常强烈的。

再来看这样一个例子。这是一个曾经走向犯罪的男孩,他偷窃、逃学,等等,以至于他的父母对他都感到绝望。他的早期记忆都是有关他如何希望能够四处走动、奔跑的。现在他与父亲一道工作,成天都是坐着不动。根据这个例子的性质,医治方法之一就是让他当一名推销员——例如为他父亲的企业奔走。

记忆的内容

早期记忆中最重要的类型之一是童年时期对于死人的记忆。孩子看到某人突然死去时,在他们心里造成的影响非常显著。有时,这些儿童发展成变态心理,有时则不然,而是将其终身倾注于对死亡问题的研究,并且往往致力于与死亡和疾病的某种形式做斗争。我们发现许多这类儿童在以后的生活中对医学有兴趣,最终成为医生或化学家。这样的目标自然是落在生活有用的方面。因为他们不仅自己与死亡抗争,而且还帮助他人抗争。不过,有时候,原型也发展出一种非常自私的倾向。有一个小孩因为他姐姐的死而深受影响,当他被问及今后的志愿时,提问人所期待的答复是他将做医生。可是他却回答说"当个掘墓人"。再问他为什么要选择这个职业,他说:"因为我要做埋葬别人的人,而不做被别人埋葬的人。"可以得知,这一目标是落在生活无用的方面,因为这个孩子只关心他自己。

有时候人们在某一点上表现出的兴趣超过其他方面。有个女孩子说:"有一天,我看管我的小妹妹。我想把她保护得很好。我将她放在桌上,可是桌布被钩住了,我妹妹摔了下来。"这孩子只有4岁。一个4岁的孩子要看管一个更小的女孩,自然年龄还太小。可以想见,这件事对这个姐姐的一生是一个多么严重的悲剧,尽管她曾经想尽办法要保护妹妹。姐姐长大以后同一个和善并几乎可以说是驯顺的丈夫结婚,但是她总是表现出嫉妒、刻薄,老觉得她丈夫会喜新厌旧。我们由此不难明白她丈夫是如何厌倦她。

在有些时候,紧张状态表现得更为明显。人们会记得他们曾经是如何希望伤害家庭中的其他成员,甚至杀死他们。这些人排斥他人,只对自己的事情感兴趣,他们不喜欢其他人,并对人们怀着敌对情绪。这种情感在原型之中就已经存在。

我们就遇到了一个这种类型的人,他从来一事无成,因为他在友谊关系和同事关系中害怕别人更受人喜爱,或者疑心别人正设法超过他。这种念头使他永远不可能真正融入社会。在每

一个职位上,他都表现得极端紧张,在爱情和婚姻方面尤为突出。

对这类人,即使我们不能够彻底地治愈,也还是可以借助于研究早期记忆而使他们获得改善。

我们治疗的对象之一是在第四章里提到过的那个男孩。某一天,他与弟弟随母亲去市场,天开始下雨时,母亲将他抱了起来,但当母亲注意到他的弟弟之后,便放下他,而抱起了弟弟。于是他感到他弟弟得到了偏爱。

倘若我们能够获得这样的早期记忆,那么,如我们说过的那样,就能预见我们的病人在以后的生活中将发生些什么事件。但必须记住的是早期记忆并非原因,而是象征。它们是早期事件以及发展产生的标记,指示出引向目标的运动以及行程中必须克服的障碍,显示着一个人是怎样变得对生活某一方面的兴趣超过其他方面。他可能,比如说在性的道路上,经受过所谓的创伤,也就是说,他可能对这类事情怀有较其他事情更为浓厚的兴趣。如果在询问他的早期记忆时,听到他谈及一些性的经历,我们不应该感到惊奇。有的人在很小的时候感到性对他的吸引超过其他现象。对性感兴趣是正常的人类行为的一部分。不过,正如我已经说过,这种兴趣的形式是多种多样的,程度是参差不齐的。我们常常见到这样的情况,那些告诉我们性记忆的人,在其以后的生活中,便朝着这个方向发展,而他们最终的生活是不和谐的,因为他们过分重视了人类生活的这一侧面。有人坚持认为每一件事都有性的基础。也有人主张胃是最重要的器官。在这些例子中我们也将发现早期记忆与以后的性格特征是相一致的。

被溺爱儿童和被敌视儿童的记忆

现在让我们回过头来考虑那些在童年时期受到溺爱者的早期记忆。早期记忆像镜子一样非常清楚地反映出这类人的性格特征。比如经常提到自己的母亲,这也许是很自然的事,但同时也是一种迹象,指明他不得不去为理想的地位而抗争。有时候,早期记忆看来似乎完全无关痛痒,但却值得分析。比如一个人告诉你:"我坐在自己的房间里,我妈妈站在橱柜旁。"这看起来毫不重要,但他提到他母亲这一点,表明他对此很关注。有时候母亲隐避得更深,则研究就更为复杂,以至于只能对母亲的作用做出猜测。被询问的人可能告诉你:"我记得曾有过一次旅行。"如果你问他是与谁一道,就会发现是与他母亲。或者,如果孩子们告诉我们:"我记得有一年夏天曾在某个地方的乡下。"我们便可以预料他的父亲在城里工作,而母亲则和孩子在一起。于是,可以问他:"谁和你在一起?"这样就经常可以看到母亲的潜在影响。

从对这些早期记忆的研究中,我们能够看到一种为获取宠爱而奋争的倾向,可以看到一个儿童在其成长过程中是如何看重来自母亲的宠爱。这对于我们的理解来说非常重要,因为,假如一个儿童或成人告诉我们这类记忆,我们便可以确信他们总是感到自己面临危险,即其他的人将会得到偏爱。这种紧张情绪不断加重,日益明显,并使其整个的心智异常尖锐地集中在这一念头之上。这是一个极为重要的事实,它预示着在今后的生活中,这类人将会嫉妒心极强。

有这样一个男孩,他是如何考进高中的始终是一个费解的谜。他总想不断地活动,从不愿坐下来学习,老是在想着其他什么事情;他经常出没于咖啡馆,频繁地到朋友家里拜访——这一切都是在他应该学习的时候进行的。检查他的早期记忆是一件十分有趣的事情。他说:"我记得躺在摇篮里望着墙壁,看到了墙上的墙纸和墙纸上的花儿、图案,等等。"这个人生来就只适宜躺在摇篮里,而不适宜去参加考试,他不能集中精力学习,因为他老在想着其他的事情,老是想干"一次逮两只兔子"那种不可能的事。可以得知,这是一个被娇惯了的孩子,他无法独立工作。

现在来谈谈被敌视的儿童。这种类型较为少见,通常代表着极端的情况。如果一个儿童在其生活的初始阶段就遭遇敌视,那他极有可能活不下去,可能会中途夭折。一般说来,孩子们的父母和保姆都会在某种程度上娇惯他们并满足他们的愿望。被敌视的儿童往往是私生子、犯罪儿童以及弃儿,我们常常看到这些儿童变得抑郁不振。在他们的记忆中也经常发现这种受人敌视的感情。例如,有个人说:"我记得我被打屁股,母亲骂我、训我,直到我逃走为止。"逃跑的路上,他险些被淹死。

某人去找心理学家请教,因为他老是离不开家。我们从他的早期记忆中得知,他曾经外出过一次,结果碰到了危险。这一经历牢牢地留在了他的记忆中,他外出时,总是嘀咕着有什么危险出现。他是一个很聪明的孩子,但却老是担心自己不能在考试中得第一,因此踌躇不决,难以专注。好不容易上大学后,他又唯恐不能以正当的方式与别人竞争。这一切都可追溯到他早期关于危险境遇的记忆。

另一个可作证明的例子是：一个孤儿,他父母死的时候他只有一岁,他患有佝偻病,进收容所后,又缺少适当的照料,从没有人关心他。在后来的生活中,他很不善于结交朋友,也不知如何与同事相处。回溯其早期记忆时,我们发现,他总是觉得别人比他得到偏爱。这种感觉在他的人格发展中起到了很重要的作用。他往往自觉受人敌视,这就阻碍了他去处理所有的问题。他的自卑感使他排斥生活中的一切问题,如爱情、婚姻、友谊、事业,因为这一切都需要与他人密切接触。

另一个有趣的例子是一个总是抱怨失眠的中年男子。他46岁,已婚,有孩子。他对人苛刻,总想着像专制君主似的统治他人,对家里人更是发号施令,结果弄得大家都苦恼不堪。

问及他的早期记忆时,他说他的父母老是争吵不休,常常相互殴打、恐吓,所以他非常害怕他们。他就是在这样一个家庭里长大的。他上学时穿得邋邋遢遢,无人过问。一天,他的老师没有上班,换了一位女教师来接管他们。这位女教师对自己的工作既热心又自信,认为这是一份理想而又崇高的工作。她在这个受到虐待的孩子身上看到了某种可能性,于是开始对他诚恳地鼓励,这是他生平第一次受到这种待遇。从那时起,他便开始发奋,不过这种发奋看起来总像是被人推着往前走。他并非十分相信自己能够变得优越,所以他整日工作,晚上加班到半夜。这样一来,他慢慢习惯于只睡半夜觉,余下的时间用于工作,或者根本不睡觉,整夜思索着自己该干些什么。结果,他越来越坚信,为了取得成绩,熬夜是必要的。

我们看到后来他在与人相处时,表现出了追求优越的愿望。由于他的家人不像他那样要强,他便俨然在家长面前扮演起征

服者的角色来。后来他的妻子儿女不可避免地因此而深受其苦。

　　总结这个人的性格，可以说他有着优越的目标，这是一个具有强烈自卑感的人的目标，常见于那些过于紧张的人身上。他们的紧张状态表明，他们内心里深深地怀疑自己能够取得成功，这种怀疑反过来被一种优越情结所掩盖，而这一优越情结又只不过是一种优越的表面姿态。对于早期记忆的研究，可以揭示这种情形的真相。

第六章

表现性活动和姿态

活动本身表现于姿态之中,这些姿态又反映出了一个人的总体生活态度,即我们称之为生活风格的东西。

在第五章里，我们着力描述了如何运用早期记忆和幻想来揭示一个人隐秘的生活风格。但这仅仅是人格研究的诸多方法中的一种。所有这些方法都依赖于这样一个原理，即采用各个孤立的部分以解释整体。除早期记忆之外，我们还可以对各种活动和姿态做出观察。活动本身表现于姿态之中，这些姿态又反映出了一个人的总体生活态度，即我们称之为生活风格的东西。

表现性活动

首先谈谈身体的活动。众所周知，我们根据一个人的站相、行姿、动态、言谈等对其做出相应的评价。尽管整体的判断并非总是有意识进行的，但这些印象却往往能导致同情或厌恶等情绪。

站　　立

考虑到站立的姿势,我们会注意到一个小孩或成人是站得挺直,还是弯腰曲背。需要特别注意的是某些夸张的姿态。倘若一个人站得过于笔挺,摆出一种挺得过直的僵硬姿势,我们就不禁要怀疑他是否用了过多的力量来表现自己。由此可以推断这个人实际的自我感觉远不像他表现出来的那么强大。从这微不足道的一点就可以看到他是如何反映了我们所谓的优越情结。他想表现得更勇敢些——想更多地显示自己。如果他不那么紧张的话,本来是可以做到这一点的。

另一方面,我们也看到姿势完全相反的一些人,他们总是一副弯腰曲背、萎靡不振的样子。这在一定程度上显示着他们的懦弱。但谨慎是我们这门艺术和科学的原则,因而单靠某一个方面的考虑去进行判断是不够的,还应该寻找其他的证据。即使在几乎可以自信正确的时候,仍然希望在其他方面也能够发现线索以便证实我们的判断。我们自问:"认为弯腰曲背的人往往很懦弱,这是正确的吗?他们处于困难的境地时,将会如何行动呢?"

倚　　靠

看看另一种情形,我们将注意到某些人总是想有所依靠,比如将躯体靠在一张桌子或者椅子上。他不相信自己的力量,而总是想得到他人的支持。这与弯腰曲背地站立一样,反映了同

一种心理状态。因此,当我们发现某人存在着这两种类型的行为时,我们的判断便多少得到了证实。

我们将发现,那些总是想受到保护的儿童与独立性较强的儿童具有不同的姿势。根据一个孩子的站态以及他如何接近其他人,就可以鉴定他具有多大程度的独立性。我们无须对此有所怀疑,因为有足够的可能性可以证实我们的结论。一旦结论得到了证实,我们便能够开始对这种情形做出补救,把孩子引上发展的正道。

可以拿一个希望得到保护的儿童做一个试验:让他母亲坐在一张椅子上,然后叫孩子走进屋子。我们将发现他对其他人连看也不看,就直接走向他的母亲,随即倚在椅子上或靠在母亲怀里。这样便证实了我们的预料——他想得到别人的支持。

注意一个儿童对外界的接触情形,也是很有趣的,因为如何接触外界可以表现出社会兴趣和适应能力的程度,也可以表现出儿童对他人的信任程度。一个落落寡合、远离人群的人,在其他方面也总表现出矜持与淡漠,他说话不多,通常保持沉默寡言。

远 与 近

可以看出所有这些情形都指出了同一种状况,这是因为每个人都是一个统一体,总是以某种方式来对生活中的问题做出反应的。让我们以一个来医生处就诊的妇女为例。医生以为这位妇女会坐在靠近自己的座位上,可是当他给她让座时,她却四下张望,然后坐在一张离得很远的椅子上。对此只能做这样的决定：这个人只愿意与某一个人发生联系。她说她已经结婚，从这里就可猜测出整个情况：她只愿意与她丈夫一人有联系并希望得到宠爱。她是那种要求丈夫准时回家的人，一人独处时，她便会非常焦躁不安；她永远不想独自出家门，也绝不会对结交其他人感到任何乐趣。总之，从她身体的一个动作中，我们就猜测到了她的整个情况。不过，我们也有其他可以证实我们理论的方法。

她会告诉我们："我受着焦虑的折磨。"但一般人不会明白这句话的含义，除非他知道这种焦虑能够作为一种武器来统治某一个人。如果一个小孩或者成人患有焦虑症，我们便可以猜测到另外还有一个人在给这个小孩或成人以支持。

曾经有一对夫妇声称他们是自由思想者，他们认为只要互不相瞒，就可以在婚姻关系中任意挥洒。结果那丈夫屡有艳遇，并将一切告知其妻，她也表现得似乎无所谓。可是后来，她开始变得焦虑不安，不愿独自出门，外出必须有丈夫陪同。可见，这种所谓的思想自由最终还是被焦虑和恐惧所限制。

有人总是待在靠近墙壁的地方，倚在墙上。这是勇气不足，独立性不够的标志。我们来分析一下这种胆怯犹豫者的生活原型。有一个男孩，他在学校里显得很羞怯。这是个很重要的迹象，说明他不愿意与其他人发生联系。他没有朋友，总是盼望着放学。他行动缓慢，下楼时总是贴着墙壁，一个人一路跑回家去。他不是个好学生，功课很差，因为他在学校的围墙内感不到快乐。他总是想回到家里，回到妈妈身边。他妈妈是个寡妇，身体虚弱，对他十分娇惯。

为了对这个男孩有更多的了解，医生去找他母亲访谈了一次。

医生问道:"他愿意按时上床睡觉吗?"

她说:"是的。"

"他夜里啼哭吗?"

"不。"

"他是否尿床?"

"不。"

医生对此感到大惑不解。随后他断定那孩子必定是与他母亲同床睡觉的。何以得出如此结论呢?原因是这样,夜间哭闹是为了引起母亲的注意,如果他与母亲同睡一张床,这就没有必要了。同样道理,尿床也是为了引起母亲的注意。医生的猜测得到了证实:那男孩与他母亲同睡一张床。

只要我们仔细观察,就会发现,心理学家所关注的一切细节,都是构成某种统一的生活计划的一部分。因此,当我们看到了目标时——在这个儿童的病例中,这目标是与他母亲紧连在一起——就可以对很多事情下断言。根据这一办法,我们可以推断一个儿童的智力是否有缺陷。一个智力缺陷的儿童是没有能力确立起这样一个聪明的生活计划的。

精神取向

现在我们转向那些能够明确把人们区分开来的精神取向。有些人或多或少显得有些争强好胜;也有些人总是想放弃努力。然而,我们却从未看见谁真正完全放弃努力。放弃努力是不可能的,那不符合人的天性。正常人不可能放弃努力,如果他这样做的话,那就意味着他将还要付出更加艰巨的努力。

勇敢与胆怯

有一类儿童总是想放弃努力。他们在家庭里通常是众人注目的中心,每个人都得关心他,推着他往前走,给他以支持。他在生活上不能缺少支持,因而成为他人的负担。这就是他的优越目标——以这种方式表达他统治别人的欲望。这种优越目标正如我们说过的那样,是自卑情结的结果。如果他对自己的力量没有怀疑倾向,就不会采取这种天真幼稚的方法来取得成功。

有一个17岁的男孩,是家中的长子。我们已经谈到过,当第二个孩子的到来把长子推下了家庭关系的中心宝座时,长子通常要经历一场心理的悲剧。这个男孩的情况就是如此。他非常压抑、暴躁,不能专注。一天,他试图自杀。紧接着,他来到医生那里,陈述他在自杀的前一天晚上做了个梦,梦见他枪杀了自己的父亲。我们由此看到这类人——压抑、懒惰、毫不行动——始终使行动的可能性展现在内心。我们还看到,所有在学校里行为懒惰的儿童,以及所有看起来一无所能的懒惰的成年人,都可能濒临危险的边缘。这种懒惰通常是表面的,一旦变故发生,就会生出自杀的企图,否则就产生神经错乱或精神病症。探明这类人的心理态度有时是一项非常困难的科学工作。

羞怯对于一个孩子来说,是另一件充满危险的事情。对一个羞怯的孩子必须予以仔细的治疗,纠正其羞怯,否则这会毁了他的一生。他在往后的生活中将遇到重重困难,除非他的羞怯被改正了。在我们的文明中,一切事物的建立都只会有助于勇敢者取得好的结果,从生活中取得成就。一个勇敢的人即使遭

受失败,也不至于被过分地挫伤;但羞怯的人都是一见前途危险便逃避到于生活无用的方面。这类儿童在其后的生活中可能会患精神病。

这类人处处带着一种自惭形秽的面色,与人相处时,他们总是显得言语笨拙,或者干脆完全回避他人。

我们上面描述的特征属于精神取向,它们不是天生的或者遗传而来的,而仅仅是对于环境所作出的个人化的反应。每一种特征都是个人生活风格在面对问题时对统觉的一种回答。当然,这种回答并不总是如哲学家们希望的那样符合逻辑,它是个体在其童年经历和错误的铸造之下所作出的回答。

我们可以看到这些态度的作用,也同样可以看到这些取向是如何在儿童和非正常人身上确立起来的;但在一般正常的成年人那里则不容易看得如此清楚。我们知道,生活风格的原型阶段较之其后的风格要明确和简单得多。实际上,原型的作用过程可以想象为一个未成熟的果子,吸收它能够得到的一切东西:肥料、水、食物和空气。这一切都在其发展过程中被接受进来。原型与生活风格之间的差别就好比一个未熟的果子和一个已熟的果子之间的差别。相对来说,在人类的果实未熟阶段将其打开来进行检查,是一件容易的事情,它所揭示的规律也在很大程度上适用于果实成熟阶段。

例如一个在生活的初期就显示出懦弱特性的儿童,在他所有的精神取向中都表现出这种倾向。无数差异将懦弱的儿童与好斗的、进攻性的儿童区分开来。后者都具有某种程度的勇气,即我们所谓常识的自然产物。但在有些时候,一个极为懦弱的儿童也会在某种特定的情景中表现得像个英雄。这种情况发生在他有意争夺重要位置的时候。以下的例子可以对此作非常清楚的注释。一个不会游泳的男孩，一天在别的孩子的邀请下，与他们一起去游泳。水很深，这个不会游泳的孩子险些淹死。这当然不能算是真正的勇敢，而属于生活的无用方面。他这样做仅仅是为了想要博得别人的钦佩，他无视危险，只是希望别的孩子会出手救他。

宿命信仰

勇敢和怯懦的问题从心理学来看，与宿命信仰密切相关。对宿命的信仰会影响我们采取积极行动的能力。有些人有这样一种明显的优越感，认为自己能够成就任何事情。他们什么都懂，什么都不愿学。其结果不言自明。有这种优越感的儿童在学校里通常成绩低劣。另有一些人，总是想干最危险的事，他们觉得自己绝不会出事，绝不会遭到失败，但结局常常十分悲惨。

当人们遭遇大祸而幸免于难时，也能够产生这种宿命感。例如，他们可能遭遇了一场严重的事故而免于一死。此时他们便以为自己的存在命中注定有更高的目的。曾经有个持有这种想法的男人，在遭受了一次与其意料相左的经历之后，便从此失去了勇气，变得一蹶不振，因为最重要的精神支柱已经倒塌。

问到他的早期记忆时，他讲述了一个重要的经历。一次，他准备去维也纳一家剧院看戏，动身之前还有点事要办，所以耽搁了时间。当他到达时，剧院已经坍塌于一场大火。面对一片废墟，他安然无恙。此时，他认为自己的生命注定还有更高的目的。此后，一切都似乎很顺利，直到他与妻子的关系遭到失败。

于是,他彻底垮掉了。

关于宿命信仰的意义,有许多可以说、可以写,它不但影响整个民族和文明,也影响无数个人。我们所希望指出的是它与心理活动的动机和生活风格之间的联系。"相信命运"在很多情况下都是一种懦弱的逃避,它让人逃避奋斗,妨碍我们沿着积极生活的路线去创造自己的活动。因此,宿命信仰只是一种虚假的支柱。

嫉妒,对男性的抗议以及性的困难

影响我们与同伴之间关系的基本精神取向之一是嫉妒,这是一种自卑感的标志。确实,在我们每个人的性格中,都有着一定程度的嫉妒。少量的嫉妒情感并没有什么害处,而且很自然。但我们必须使它成为有用的,使它在工作、生活和处理问题的过程中产生效用。倘能如此,它便不会是无价值的了。因此,对于我们大家身上都存在的那么一点嫉妒心理,我们应该持宽容的态度。

但从另一方面看,嫉妒是一种难以处理而且危险的精神取向。因为我们无法使它成为有用的。没有任何单一的方法能够使一个嫉妒的人变得趋向有用。

进而言之,我们在嫉妒中看到一种由强大而深刻的自卑感所导致的后果。一个嫉妒的人总是害怕自己无力保有自己的伙伴,因此,他想要以某种特殊姿态影响其同伴时,他的嫉妒的表现往往泄露了他的软弱无能。研究这种人的原型,可以发现一种严重的剥夺感。所以,如果碰上有嫉妒心的人,最好是检查一下他的过去,看看与我们打交道的是否是一个曾被推下宝座的人,看看他是否还等待着相同命运的再度发生。

从嫉妒的一般问题,我们可以转而考虑一种极其特殊的嫉妒之情——女性对于男性所具有的优越社会地位的嫉妒。许多女人都希望自己是男人。这种态度是可理解的,因为如果我们秉持公正,就可以看到,在我们的文明中,男人是处于领导地位的,他们比妇女得到更多的器重、肯定和尊敬。这从道义上讲是不公正的,应当予以纠正。女孩们看到,在家庭中,男人和男孩要舒服得多,他们不用为小事操心,在许多方面享有更多的自由。于是,男性所具有的这些优越的自由,使女孩们对自己扮演的角色大为不满,因此,便努力像男孩那样去行动。这种对男孩的模仿可以表现为各种不同的方式,比如穿男装。在这一点上,她们有时得到父母的支持,因为男孩子的服装被公认为更舒适一些。这类行为中相当一部分是有用的,不必对其大泼冷水。不过,也有一些无用的态度,如有些女孩希望用男孩的名字,而不愿意用女孩的名字。如果别人不用她们自己选定的男孩的名字来叫她们,就会惹恼她们。这种态度倘若反映出某些藏于表面之下的东西,就是非常危险的了。这并非是个玩笑。在成人的生活中,它可能会表现为对性角色的不满以及对于结婚的厌恶——或是表现为对婚后妇女承担的性角色的厌恶。

我们不应指责那些喜欢穿像男装短小衣服的妇女,因为那样是一种方便。女人也同样适宜于在许多方面像男人那样发展个性,做与男人相同的工作。但若对自己的女性角色不满,想方设法地学男人们的恶习,则是危险的。

这一危险倾向初现于青春期,因为一般来说,原型受到不好

的影响正是在这个阶段。女孩子不成熟的头脑开始嫉妒男孩子的特权,这反映在模仿男孩子的欲望之中。这是一种优越情结——是一种对于正常发展的逃避。

我们已经说过,这种情况会导致其极度厌恶恋爱和婚姻。但这并不是说,有这种厌恶感的女孩都不愿意结婚。因为,在我们的文明中,不结婚被看作一种失败的标志。甚至那些对结婚毫无兴趣的女孩子,也都希望结婚。

主张从平等的原则出发来调整两性关系基础的人不应当鼓励妇女们的这种"对男性的抗议"。两性之间的平等必须符合事物的自然机制,而对男性的抗议则是一种盲目反抗现实的行为,因而是一种优越情结。从实际上来说,这种行为使所有的性功能都受到扰乱和影响,从而产生出许多严重的病症。如果追根溯源,我们将会发现这种情况在童年时期就已经开始了。

我们也遇到过想成为女孩的男孩子,当然这不及前面的例子那么普遍。他想模仿的不是普通的女孩,而是那类以夸张的方式调情卖俏的姑娘。这一类男孩搽脂抹粉,佩戴鲜花,极力使自己的行为效仿那些轻浮的女孩子。这也是优越情结的一种形式。

许多这类男孩都是在妇女处于统领地位的环境下长大的,因此,他们在成长的过程中模仿母亲的特征,而不是仿效父亲。

有一个男孩曾因为性障碍前来问诊。他说他总是与母亲相处,他父亲在家中几乎就等于不存在。母亲结婚前是个裁缝,婚后也继续干些手工。那男孩长期与母亲在一起,逐渐也对母亲的手艺发生了兴趣。他开始缝纫,并设计妇女服装。4岁时他已学会了认识时间,因为他母亲往往在4点出门,5点回家。由这一事实，我们可以判断他对他母亲的兴趣是何等深厚。出于希望见到她回家来，他学会了认识钟表。

后来，他上了学，行为近似于女孩，不参加任何运动和户外游戏。男孩子们拿他开玩笑，有时甚至亲吻他。这是他们在这种情况下常有的举动。有一天，他们要演一出戏。可以设想，这个孩子扮演了一个女孩的角色。他演得很成功，以至于许多观众都以为他果真是个女孩子，观众中的一位男人甚至还爱上了他。这样一来，使他看到即使他不能像个男人那样受尊重，至少还可以被当成一个女人来欣赏。这便是他成年以后的性障碍问题的根源。

第七章

梦和梦的解释

其他心理学派的追随者一直在寻求对梦的新的观点,但我们对梦的理解是在与我们理解精神表现和活动总体相同的方向上发展起来的。

对于个体心理学来说，意识和无意识共同组成一个统一体，正如我们在一系列章节里所解释的那样。在前两章中我们一直以作为整体的个人来解释意识的部分——记忆、精神取向、行动。现在我们把同样的解释方法运用到无意识或半无意识生活——我们梦中的生活。采用这种方法的理由是，我们的梦中生活正如我们的非睡眠生活一样，不多不少正好是整体的一部分。其他心理学派的追随者一直在寻求对梦的新的观点，但我们对梦的理解是在与我们理解精神表现和活动总体相同的方向上发展起来的。

生活风格及目标

　　正如我们已知的那样，非睡眠生活是由优越目标所决定的，因此，梦也是由个人的优越目标所决定的。一个梦往往是生活风格的一部分，其中还经常涉及原型。实际上，只有当你看见原

型是如何与某一特定的梦密切联系在一起时,才能肯定已经真正理解了这个梦。同样,倘若你非常了解一个人,你便能够很贴切地估计出他的梦所具有的基本特点。

举例说,我们知道,相对于整个自然界,人类是弱小的。从这个一般事实出发,我们可以推测出绝大多数的梦是属于恐惧、危险和焦虑的类型。因此,若是了解一个人并且知道他的目标是逃避对现实生活中的问题做出决断,我们就可以预计他常常梦见自己摔倒。这样的梦对于他如同一个警告:"停止行动吧,你会失败的。"他用跌倒这样的方式来表达他对于前途的看法。大多数人都有这种梦的经验。

一个平日不爱学习的学生临近重要考试,可想而知他会发生什么情况。他整日焦虑不安,不能集中心思,最后他对自己说:"时间来不及了!"他想推迟考试,他的梦必然是有关摔倒的。这表达出了他的生活风格,为了达到他的目标,他必须做这样的梦。

另一个是学习优异的学生,他信心十足,无所惧怕,从不投机取巧。我们同样可以对他的梦进行猜测。在考试前夕,他会梦见自己爬上一座高山,陶醉于从山顶所见的景色,然后在这种情境下醒来。这是他的生活风格的一种表现,反映出了他要有所创建的目标。

还有是一个受着限制的人——一个遭遇困境而力有不逮的人。这种人梦见种种界限,梦见自己无法逃避人群以及种种困难。他的梦中经常出现被人追逐甚至追杀的场面。

在继续进行对另一类梦的讨论之前,或许最好是指出,即使有人曾经对一个心理学家说:"我不能告诉你任何梦,因为我记不起它们。不过我可以编一些梦让你听。"心理学家也不会感到灰心失望,因为他知道,这个人的想象力绝不会编造出超出于他的生活风格所能指明的东西。他所编造的梦正如他真正记得的梦一样真实,因为他的想象力和幻觉同样是他的生活风格的一种表现。

幻想并不一定非得逐一模仿一个人的实际行动,以表现出他的生活风格。那类更多地生活于幻想而非现实之中的人可以作为例证。这类人白天胆小懦弱,在梦中却勇气百倍。但我们总能发现一些指明他们不愿完成自己工作的征象。这些征象甚至在其勇气十足的梦中也极为明显。

梦的目的始终是为优越的目标——即个体私人化的优越目标——铺平道路。一个人所有的症状、活动和梦都是一种训练形式,使其能够获得这一统领全局的目标——不管这一目标是要成为注意的中心,还是要凌驾于他人之上,或者是要逃避人世。

梦的目的既无逻辑性也没有行为表现上的真实性,它的存在是为了制造某种感觉、情绪和情感。要想对它的含糊晦涩做出完全的解释是不可能的。不过在这一点上,它与非睡眠生活以及在非睡眠状态下的活动仅只存在着程度上的差别,而非根本性质的不同。我们知道精神对于人生问题的回答是与个人的生活风格有关的:它们并不符合一种预先确定的逻辑构架,尽管为了社会交往的需要我们力图使精神生活越来越朝向一个合理的目的。一旦我们放弃了对于非睡眠生活的绝对观点,梦中生活就丧失了它的神秘色彩。我们在非睡眠生活中所发现的那种相对性,以及事实与感情的互相渗透,也都会在梦中得到

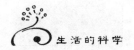

表现。

在历史上,人类祖先认为梦非常神秘,他们一般借助于预言来解释梦,认为梦是将要发生的事件的预兆。这种观点具有部分真实性。确实,梦是做梦者所面临的问题与其成功目标之间的连接桥梁。在这种情况下,梦常常可以应验,因为做梦者会在梦中演习他的角色,以便对事情的发生有所准备。

换一种方式来表达这一道理,也就是说,同一种互相联系的事物既出现在梦中,又出现在非睡眠生活中。一个人若是敏锐而聪明,他就能够通过分析非睡眠生活或者梦中生活来预见未来。他所做的就是进行判断。例如,有人梦见他的一个熟人死去,而那人果真死了。这正是一个内科医生或者一个近亲所能够预见到的事情。做梦者不过是在梦中而不是在其非睡眠生活中这样想罢了。

正是由于认为梦具有预见性这一观点包含着一半真理的因素,因而它是一种迷信。这种迷信通常被那些相信其他迷信的人死抱住不放,或是被那些以预言家的姿态出现以谋得一己之利益的人所拥护。

为了驱散笼罩在梦周围的预言迷信和神秘色彩,我们必须解释为什么大多数的人不理解自己的梦,这是因为即使在非睡眠生活中也极少有人能够了解自己。很少有人具有反思性的自我分析能力,这种能力使他们能够知道自己正走向何方,而梦的分析较之对于非睡眠行为的分析则更为复杂和晦涩。因此,难怪梦的分析会超出大多数人的能力范围——也同样难怪人们在无知的迷途中转而求助于江湖术士。

私 人 逻 辑

如果我们将梦的规律性与在前几章里作为私人见识的表现形式加以描述的那类现象相比较,而不是直接与正常的非睡眠活动相比较,将会有利于我们理解梦的规律性。读者该会记得我们是怎样描述过罪犯、问题儿童以及神经病患者的态度——他们是如何制造出某种感觉或心情,以便使自己确信某一既定事实。杀人犯因此这样为自己的行为作辩护:"生活中没有这个人的地盘,所以我必须杀掉他。"他在自己心里强调这种地球空间有限的观点,这就为他的犯罪制造出了一定的感情上的准备。

这种人还可能会想,某人有漂亮的裤子,而自己却没有。他将自己的嫉妒也作为某种价值砝码加在这一情景之中,他的优越目标就成了要追求一条漂亮的裤子。事实上,我们看到很多著名的梦都说明了这一点。比如《圣经》中约瑟夫的梦,他梦见所有的人都向他下跪。不难看出这个梦相当符合那件彩色外套的插曲——也不难看出这个梦相当符合他被他的兄弟们所驱逐的事件。

另一个著名的梦是有关希腊诗人西蒙尼德斯(Simonides)的。他被邀请去小亚细亚讲学,他犹豫不决,尽管船已泊在码头等待他上路,他还是不断推迟行期。朋友们尽力劝他去,但也没用。然后,他做了个梦,梦见他曾经在森林中见到过的一个死人出现在面前对他说道:"由于你在森林中曾那样虔诚、那样地关心我,现在我劝你别去小亚细亚。"西蒙尼德斯坐起身来说道:

"我不会去的。"但早在做梦之前,他就已经倾向于不去赴约了。他仅仅是制造出了一定的情感来支持自己已经做出的决断,尽管他并不理解自己的梦。

如果有人能够理解自己的梦,真相就是显而易见的了:人们制造出一定的幻觉以达到自我欺骗的目的,这一自我欺骗将导致一种个人所希望体验的情绪。这就是常常被保留下来的梦的记忆。

在解释西蒙尼德斯的梦的时候,我们碰到了另一个问题,即解梦的程序应当是怎样的呢?首先,我们必须牢记:梦是一个人创造力的一部分。西蒙尼德斯在做梦的时候运用了他的想象力并制造了一个程序。他选择了死人的事件。为什么这位诗人从他所有的经历中单单挑出了这一点呢?显然是因为死的念头一直萦系于他的心中,这应归因于对航海的恐惧。在那时,海上航行确实意味着巨大的危险,所以他才如此犹豫不决。这一迹象说明他可能不但害怕晕船,而且也对沉船的可能性感到恐惧。由于对死亡的先入之见占据了他的头脑,结果他便选择了那个死人的情节。

如果这样来对梦进行考虑,解释的工作就不会太难。应该记住,图景、记忆以及想象的选择都预示着心理活动的一个方向,它为你指出做梦者的倾向,最后就能够看到他所希望达到的目标。

举个例子,让我们来看一个已婚的男人的梦。他对自己的家庭生活不满意。他有两个孩子,可是他认为妻子并不关心他们,而是对其他的事情更感兴趣。为此他经常烦恼,老是指责妻子,并想迫使她有所改变。一天夜里,他梦见自己有了第三个孩子。而这个孩子被弄丢了,怎么也找不到。他责骂妻子,说她没把孩子照顾好。

这里我们可以看出他的倾向:他脑子里担心两个孩子中有一个可能会丢失,但是他又没有足够的勇气让两个孩子中的任何一个出现在他的梦中,于是就创造出了第三个孩子,让第三个孩子被丢失。

另一点值得研究的是,他喜欢他的孩子,不愿意让他们丢失。同时,他又感到妻子照顾两个孩子负担过重,不能再胜任照顾第三个。这第三个孩子将会消失。由此,我们发现了梦的另一个方面,解释出来便是:"我是否应该有第三个孩子?"

这个梦的实际结果是,他制造出一种抵触妻子的情绪。孩子并没有真的丢失,可是他早上一起床便责备妻子,愤愤不平。人们在起床时常常都是如此——变得吹毛求疵,好争辩,这就是晚上做梦制造出的情绪的结果。这有点像一种饮酒后陶醉的状态,与抑郁症患者的情形不无相似之处,在这种状态下的病人总是生出失败、死亡以及走投无路的念头。

我们还可以看到这个人选择了他确信能使自己产生优越感的事情,比如他选择了这样的感觉:"我是关心孩子的,而我妻子却不是这样,所以一个孩子丢失了。"由此,他的统治别人的倾向就在梦中昭然若揭。

做梦的原因

对梦作现代的解释大约有 25 年的历史了。最初是弗洛伊德将梦看作是幼儿时期性欲的满足。我们不同意这一观点。因

为,如果说梦是一种满足,那么一切都可以解释为某种满足。每一个念头都是这样工作的——由潜意识上升到意识。因此,性满足的理论并未做出什么特殊的解释。

后来,弗洛伊德提出梦包含着死的欲望。可是很显然,以此来解释刚才的那个梦是很不妥当的,因为我们不能说那位父亲希望他的孩子丢失并死掉。

事实是,除去我们已经讨论过的关于精神生活的统一性以及梦中生活的感情特征的那些一般假设以外,解释梦的具体方式是不存在的。这一感情特征以及伴随着它的自我欺骗是一个有着多种变体的主题,因此它总是表现出对类比和隐喻的偏爱。运用类比是自欺欺人的最佳办法之一,因为我们可以肯定,如果一个人借助于类比,便是确信自己不能用事实和逻辑使人信服,而总是想用一些无用的、传之久远的类比去影响别人。

甚至诗人也行骗,不过是用一种令人愉快的方式罢了。他们采用的比喻和那些富有诗意的类比手法,使我们受到了感染。然而,可以肯定的是,他们想使我们受到比通常的语言所能取得的更为强烈的影响。举例说,如果荷马描述一支希腊军队的士兵们像雄狮般冲过原野,这其中的比喻在我们敏锐的思想之下是骗不了人的,但当我们处于一种诗的情绪之下时,它就一定能深深地感染我们。作者使我们相信他有着奇异的力量,但如果他只是单纯地描绘士兵们的服装以及他们所携带的武器,等等,就不可能达到这种效果。

人们在解释事情遇到困难时也会表现出同样的倾向:如果他发现自己不能说服你,就会打起比方来。这种比喻的运用就是自我欺骗。它如此明显地出现在梦中对于画面、形象等的选择上,其原因即在于此。这是一种很有艺术性的自我陶醉的方法。

极为奇妙的是,梦的感情陶醉提供了一种避免做梦的方法。如果一个人明白他所梦见的事情并意识到他是在进行自我陶醉,他就会停止做梦,而梦也就对他失去了作用。至少笔者的情况是这样的,一旦我意识到做梦的意义时,便立即停止做梦。

顺便可以说,这种对梦的意识如果真有效果,就必须带有感情的彻底转变。这一点是我通过上一次的做梦所归纳起来的。那个梦发生在战争期间,那时我因为职业的关系正在尽最大的努力使某人免于去极其危险的战火前线。我梦见自己杀死了一个人,不过不知道那个被杀的人是谁。因而陷于一种很坏的情绪中,一直在想:"我杀死了谁呢?"实际上我是完全沉醉在这样一个念头中,这就是尽最大的努力使那个士兵避免进入死亡之地。这个梦的情绪是为了有利于这一念头,但是一旦我明白了梦的目的时,便彻底放弃了做梦,因为我不必欺骗自己去做那些不合逻辑又含混不清的事情。

上面所述正好可以用来回答那个经常被人问起的问题:"为什么有些人从不做梦呢?"因为这些人不愿意欺骗自己,他们过多地被实际活动和逻辑所占据,总希望正视现实问题。这类人即使做梦,也常常很快就忘掉梦的内容。他们忘却得很快,以至于他们相信自己不曾做过梦。

这就导致一种梦的理论,即,我们都要做梦,但大多数的梦被我们遗忘了。如果接受这一理论,一些人从不做梦这一事实就会成为另一种情况:他们成了要做梦但总是忘记自己的梦的人。我不赞成这一理论。我宁可相信既有从不做梦的人也有做

了梦但有时忘记梦的人。从这一例子的实质来看,这个理论很难被驳倒,但要对它加以证明,就只有靠它的创立者了。

为什么我们重复地做同样的梦?对这个奇怪的事实还没有明确的解释。然而,在这重复的梦中,我们得以发现表达得更为清晰的生活风格,它明确无误地给我们指示出一个人的优越目标之所在。

关于那些冗长而扩展了的梦,我们必须确信做梦者并未做好充分准备。他正在寻找由现实问题通往实现目标的桥梁。因此,能够得到最好的理解的梦是短梦。有时一个梦只由一幅画面、几句话组成,但它却显示出做梦者是如何想真正找到一个更可行的办法来欺骗自己。

睡眠、非睡眠、催眠术

现在可以用睡眠问题来结束我们的讨论了。许多人对睡眠提出一些毫无必要的问题,他们想象睡眠是清醒的相反状态,是"死亡的兄弟"。这种看法是错误的。睡眠根本不是清醒的相反状态,而是某种程度上的清醒状态。在睡眠中我们并没有与生活相隔离;相反,我们仍在思考和谛听。表现在非睡眠生活中的倾向一般也同样表现在睡眠生活中。正因为如此,有些母亲才不会被街上传来的任何噪声所吵醒,而孩子们稍一动弹,就能使她们跳起身来。可见她们的注意力是清醒的。另外,从我们睡觉时不会跌出床外这一点也可看出,我们在睡眠中仍然有着对界限的意识。

一个人白天和夜里两方面的表现构成了其完整的人格。这

就解释了催眠的现象。那些显得如同有魔力的事物多半不过是一种催眠的变化罢了。只是在这一变化中,一个人愿意服从另一个人,并且知道后者想使他睡觉。同理,另一个简单的形式,当父母说:"行了,现在睡吧!"孩子便会听从。催眠术之所以能够产生作用,是因为被催眠的人是顺从的,与他的顺从程度相对应的便是他进入催眠状态的舒适程度和轻松程度。

在催眠中,我们可以使一个人创造图画、观点以及记忆,这是他在清醒的状态下不会做的。做到这一点唯一的要求是顺从。通过催眠术我们可以找到一些解决问题的方法——一些可能已经忘却了的早期记忆。

但作为一种治疗方法来说,催眠术是具有危险性的。我本人是不倾向使用这种方法的,除非病人对其他方法已经不再信任。被催眠过的人报复心极强。开始的时候,他们克服了困难,但并没有真正改变自己的生活风格。这种方法就像某种化学药品或机械性措施一样,不能触动病人的真实性格。如果要真正帮助一个人,我们要做的是给他勇气、自信心以及他对自己的过失的进一步的理解。催眠术却没有这种作用,所以,除非特殊病例,应该避免使用它。

第八章

问题儿童及其教育

怎样教育我们的儿童?这大概是我们当前社会生活中最重要的问题。对此,个体心理学将做出重要贡献。无论是家庭教育还是学校教育,其目的都在于培养和指导人的个性。因此,心理科学就成了适切教育的必要基础,或者可以说,整个教育就是有关生活这门广泛的心理艺术的一个分支。

怎样教育我们的儿童？这大概是我们当前社会生活中最重要的问题。对此，个体心理学将做出重要贡献。无论是家庭教育还是学校教育，其目的都在于培养和指导人的个性。因此，心理科学就成了适切教育的必要基础，或者可以说，整个教育就是有关生活这门广泛的心理艺术的一个分支。

学校和社会理想

首先让我们简言几句作为开场白。教育的最一般的原理是，它必须与个人以后将要面临的生活相一致。这就意味着它必须符合民族的理想。如果我们在教育儿童时不着眼于于此，那么他们在将来的生活中就可能会遇到困难。作为一个社会成员，他们将会与社会格格不入。

民族理想是可以变化的。这种变化可能很突然，比如在一次革命之后发生的变化；也可能是随着社会进化的过程逐渐完

成的。这就意味着一个教育者应该胸怀宽广的理想,找到自己的位置,并正确地适应千变万化的环境。

学校与社会理想之间的联系自然是依赖于它们与政府的联系,是政府的影响使得社会理想反映于学校的体制之中。政府不可能直接介入儿童的家庭,但是它为自身的利益着想,把关注点放在学校。

从历史上来看,学校在不同的时期反映了不同的社会理想。欧洲的学校原本是为贵族家庭设立的,它们在精神上是贵族阶级的,只有贵族才能在里面接受教育。后来,教会接管了学校,使其成为宗教学校,教师也是牧师。后来,民族对知识的需求开始增长,需要创设更多的学科,也需要更多的教师,这远远超出了教会所能满足的范围。于是,除了牧师和教士之外,其他的人也跨入了教师的职业领域。

近代,教师都不是专职的,他们同时还要从事鞋匠以及裁缝等其他职业。很显然,他们只知道棍棒荆条似的教育。在这样的学校里,儿童心理上的问题是得不到解决的。

现代精神在欧洲教育中的发端是在裴斯泰洛齐①的时代。裴斯泰洛齐是第一位认为除了棍棒和惩罚之外还有其他教育方法的教师。

对我们来讲,裴斯泰洛齐之所以意义非凡,是因为他向我们指出了学校教育方法的重要性。在正确的方法指导下,所有的孩子都能够学会阅读、书写、唱歌以及算术,除非他是一个头脑不健全的儿童。我们不能说已经找到了最佳的教育方法,但我

---

① 裴斯泰洛齐(J. H. Pestlozzi,1746—1827),瑞士教育改革家。——译注

们总是在探索着新的和更好的方法,这才是正确而适宜的态度。

回顾欧洲学校的历史,我们发现,正当教学方法有了一定程度的发展后,社会对能读会写、独立工作的工人的需求量与日俱增。当时产生了这样的口号:"每个孩子都能上学。"今天,每个孩子都必须上学了,这种发展有赖于我们的经济生活条件以及反映出这些条件的社会理想。

从前在欧洲,社会教育只培养官员和劳动力。那些准备执掌高位的人才去上高等学校,其他的人则根本不上学。这种教育制度反映出了当时的民族理想。今天的教育制度则与另一套完全不同的民族理想相符合。在今天的学校里,儿童们再也不用安静地坐着,手放在膝上,一动也不许动;相反,孩子们是老师的朋友,他们不再受权威的压制,不再被强迫服从,而是被容许发展他们的独立性。在民主气氛浓厚的美国,这类学校很多,因为学校的发展总是以一个国家的理想为依据的,而这些理想都被明晰地反映在政府的法规之中。

家庭影响

学校制度与民族及社会理想之间的联系是有机的——这取决于它们的起源和组织形式——但是从心理学的观点来看,这种联系却赋予它们作为教育机构的极大的优越性。心理学的观点认为,教育的主要目标是培养社会适应能力。学校较之家庭更容易培养儿童的社会性,因为它更接近民族的需要,更独立于儿童的好恶,从不娇惯儿童。总的来说,它具有更为独立的态度。

另一方面,家庭却并非始终都洋溢着社会理想的气氛。传统观念统治着家庭的例子太常见了。父母自己首先需要能够很好地适应社会并且知道教育的目标必须是社会性的,教育有可能进步。只有父母懂得了这些问题,孩子们才会得到正确的教育并为上学做好准备,正如学校使他们做好适当的准备以走向各自在生活中的特殊位置一样。这应该是儿童在家庭和学校的理想发展状态,让学校站在家庭和国家之间。

从前面的讨论已经知道,一个孩子在家庭中的生活风格在其四五岁以后就固定下来,要直接地对它加以改变绝不可能。这一点指出了现代学校应该遵循的方向,它不应批评或惩罚,而应尽力塑造、教育和发展儿童的社会兴趣;不应以强制、审查为原则,而应本着理解和解决儿童个性问题的态度。

另一方面,由于父母与孩子在家庭中的纽带过于紧密,要让父母坚持社会的需要去教育孩子往往是困难的。父母们喜欢根据自己的需要去教育孩子,因此往往使孩子与其生活环境发生冲突。这些孩子注定要遇到很大的困难,尤其是上学后,困难便随即出现了。而在离开学校步入社会生活以后,这些困难将变得更加严重。

为了解决这个问题,有必要对父母进行教育。但这往往是不容易的,因为我们不可能时时教育成年人,如同对待儿童那样。而且即使我们能够教育成年人,也可能发现他们对民族理想并不十分感兴趣,他们根深蒂固的传统观念导致他们根本不愿去理解所谓的民族理想。

既然不能对父母进行教育,就只能进行广泛的传播了。最佳突破点便是学校。首先是因为大量的儿童在那里聚集;其次是因为生活风格中的错误在那里表现得比在家里更为充分;最后,还因为老师应该是一个了解儿童问题的人。

正常的儿童,无须我们多费心。面对充分发展、适应社会的儿童,最好的办法是不要去压抑他们。他们应该走自己的路,因为这样的儿童能够正确选择自己的目标以发展自己的优越感。正因为他们的优越感是在生活的有用方面,所以不算是一种优越情结。

另一方面,在问题儿童、精神病患者以及罪犯等类型的人中,优越感和自卑感同时存在,他们表现出自己的优越情结以弥补其自卑情结。正如我们已经指出的那样,自卑感存在于每一个人身上,但只有在这种感觉使他严重地丧失了生活的勇气,才称其为自卑情结。

所有有关自卑与优越的问题早在儿童进入学校之前的家庭生活中就产生了。这段时期,他们形成了自己的生活风格,我们称之为原型以区别于成年人的生活风格。原型是未成熟的果子,如果这未熟的果子遇到什么阻碍,比如长了一条蠕虫,那么,它越发展、越成熟,那蠕虫也就长得越大。

问 题 儿 童

如前所述,原型中的阻碍或者困难起因于器官缺陷问题,它通常是形成自卑感的根源。这里我们要再次强调,导致问题的并不是由器质性问题导致的自卑,而是这种自卑导致的社会性适应不良。为教育提供机会的正是这种情况。训练一个人使其适应社会,那么他所具有的器质性问题非但不会成为他的负担,

生活的科学

而且还将大为有利。器质性自卑可以产生出某种显著的兴趣,而这种兴趣如果又遵循着一条有用的渠道,那么它对一个人的意义将显得非同寻常。

但这一切的前提是,器质性困难必须符合社会适应的需要。由此出发,如果一个孩子只愿意看或只愿意听,那么老师的职责就是帮助他培养起使用所有器官的兴趣,否则他就不能与其他的孩子协调一致。

我们都很熟悉左利手儿童的例子,他们从小到大都显得笨手笨脚。通常没有人能够意识到他们是左利手,这一点可以对他们的笨拙做出解释。使用左手的习惯使他们老是与家里人格格不入。我们发现这类孩子若不是变得好斗而富于进攻性——便是抑郁忧闷、脾气暴躁。当这样一个孩子带着他的问题进入学校之后,我们就会发现他不是争强好胜,就是心灰意懒、烦躁易怒并且缺乏勇气。

除了器官有缺陷的孩子以外,很大一部分被娇惯的儿童上学后也会出现问题。现行学校的组织结构不可能让某个孩子总是处于注意力的中心。当然也可能偶然出现这样的情况,某位太善良心软的教师宠爱孩子。可是随着孩子一年一年地升学,他终将会不再受宠爱。在后来的生活中,情况更为不佳,因为在我们的文明中,一个人不做任何贡献而又总是占据着注意的中心,会被认为不合理。

所有这些问题儿童都具有某些清晰的特征。他们不能很好地应付生活中遇到的问题。他们野心勃勃,企图完全为了个人而不是代表社会进行统治。此外,他们往往爱争吵,与别人处于敌对状态。但由于他们对生活中的问题缺乏兴趣,所以一般都很懦弱。受娇惯的童年时代没有使他们对生活中的问题做好准备。

在这些儿童身上还能发现的另一特征是谨小慎微、犹豫不决。他们对生活向他们提出的问题迟迟不解决，或者一遇到问题便止步不前，心烦意乱地转身而逃，最终一事无成。

这些特征在学校里暴露得远比在家庭里更清楚。学校就像一次酸性试验，一个孩子是否能够适应社会和胜任他将遇到的问题，在那里就会昭示无遗。错误的生活风格在家庭中常常能够蒙混过关，但在学校里却会原形毕露。

被娇惯的孩子和器质性自卑型的孩子都排斥生活中的困难。强烈的自卑感剥夺了他们应付困难的勇气。但在学校里我们可以控制困难的程度，以此逐步地把他们放到解决困难的位置上去。于是学校就真正成为一个能够施以教育，而不仅仅是给予指导的场所。

除去这两种类型之外，还应予以考虑的是受到敌视的儿童，他们通常相貌丑陋，性格中铸成了错误，并且身有残疾，在任何方面都对社会生活毫无准备。在上述三种类型中，这一种进学校时将会遇到的困难最大。

由此我们看出，不管教师和官员们喜欢与否，洞察这些问题以及找出解决它们的办法必须成为学校管理的一部分。

除以上这些特殊问题儿童之外，还有被认为是神童的孩子——极为聪明的儿童。由于他们在某些方面远远胜过其他孩子，因而容易显得才智超群。他们敏感，有雄心，但往往不大受同伴的喜爱。儿童似乎总是很快就能感觉出他们之中的某一个是否具有社会适应能力。这样的神童受人钦佩但不为人喜爱。

可以理解,很多这样的神童都能非常顺利地完成学业。但是,当他们步入社会生活时,却没有充分的生活计划,一旦向生活中的三大问题——社会、职业、恋爱与婚姻——靠拢,他们的困难便出现了。在他们的原型时期所发生的事情凸显出来,我们看到了他们在家庭里不能很好适应的结果。家庭中的事事如意没能使他们生活风格中的错误暴露出来,然而,一旦来到新的环境,错误便显示出来了。

有趣的是,诗人们竟已经窥见了这些问题间的关系。有很多诗人和戏剧家在他们的剧本和故事中都曾描绘过在这些人身上反映出来的相当复杂的生活风格。例如莎士比亚作品中的人物罗桑伯兰。莎士比亚将罗桑伯兰刻画为一个忠于国王的人,但一旦真正的危险出现,他便背叛了国王。莎士比亚明白,一个人真正的生活风格在极为困难的形势下将暴露无遗。不过,并非困难的形势产生了生活风格——它早在之前就确立起来了。

治　疗

个体心理学为神童问题所提供的治疗方法与治疗其他问题儿童的方法是相同的。个体心理学家说:"每一个人都能成就任何一件事。"这是一句使神童们锋芒挫减的格言。神童们往往身负众人的期望,身不由己地被推着前进,因而变得过分重视自身的兴趣。相信这一格言的人可以培养出非常聪明的孩子,这些孩子不会变得自高自大或者野心无边,他们明白自己的成绩应归功于所受的训练和好运气。如果继续接受良好的训练,他们便可以成就别人所能成就的一切。其他所受训练和教育稍欠的儿童,只要教师能使他们明白正确的方法,也同样能够取得良好的成就。

但这后一类儿童可能会失去勇气,因此必须避免触动他们那明显的自卑感。我们任何人都无法长期忍受这种感觉的折磨。这类儿童以前所遇到的困难绝没有现在在学校里遇到的那么多。可以想象,他们被这些困难吓住了、压倒了,因此企图逃学或者根本就不想上学了,他们相信自己在学校里没有任何希望。当然,如果他们的这种看法正确,那么我们应该承认他们的做法是适切而明智的。但个体心理学不接受他们在学校里毫无希望这一看法,它认为每个人都能完成有用的工作。错误永远都会有,但可以被改正,这样儿童就能够向前继续走下去了。

通常的情况是很难对此做出适当的处理。一旦孩子在学校里被新的困难所压倒,母亲便表现出焦急不安和过度关注的态度。这样一来,孩子在学校里所受到的批评和训斥,由于在家里所得到的相反的待遇而显得更为严重了。经常有这种情况,一个孩子在家里很不错,因为他处于溺爱的包围之中,然而在学校他却变得很糟糕。这是由于他潜在的自卑情结在失去与家庭的联系之后,显露无遗。这时候,曾经溺爱他的母亲遭到这孩子的怨恨,因为他感到母亲以前欺骗了自己,她不像以前那样事事都能够给他帮助了。于是,母亲过去对他的一切娇惯都在他面临新环境而感到的焦虑之中顿然消逝了。

我们常常发现,一个在家里显得很好斗的孩子,在学校却安静而沉默甚至很压抑。有时他母亲到学校告诉老师:"这孩子整天地占据我的时间,他老是在打架。"而老师却说:"他整天静静地坐在那儿,动也不动。"有的时候,情况则相反,母亲说:"这

孩子在家又安静又可爱。"老师则说:"他搞得全班不得安宁。"后一种情况是不难理解的,这孩子在家里是关注的中心,因此他安静而谦逊;到了学校他不再成为注意的中心,所以他便打起架来,或者表现出其他类似的行为。

例如,有个8岁的女孩,她很受同学的喜爱,还是班里的干部。她父亲来到医生处说:"这孩子是个虐待狂,一个十足的暴君,我们再也不能忍受她了。"这是什么原因呢?她是出生在一个无能的家庭里的第一个孩子;只有一个无能的家庭才会被一个孩子搞得这样焦头烂额。当家庭中第二个孩子出生之后,这女孩感到自己的地位动摇了,但她仍然想要保持她的中心地位,于是她开始打架。而在学校,她大受重视,没有打架的理由,于是她发展得很好。

有些儿童无论在家里还是在学校都遇到困难。学校和家庭都对他们抱怨连天,其结果是加重了他们的错误。还有些儿童在家里和在学校都同样邋遢不堪。在这种情况下,我们就必须从已经发生的事情中去找原因。在任何时候,我们都要考虑他们在学校和在家庭里的行为,以便对他们的问题做出判断。如果想要正确地了解他们的生活风格以及他们努力的方向,那么每一部分信息对于我们都是重要的。

有时候,一个适应性很强的孩子,当他面临新学校里的环境时,也会显得不适应。这种情况通常发生在学校里的同学和老师与他相对立的时候。让我们以一个发生在欧洲的故事为例吧。一个平民家的孩子进了一所贵族学校。他之所以被送到那里是由于其父母非常有钱而且自以为是。由于他不是来自贵族家庭,他的同学们便都与他为敌。这个从前被娇生惯养的孩子,突然之间发现自己被包围在充满敌意的气氛中。有时这种来自同伴的残忍可以达到令人吃惊的程度，一个孩子是绝对难以承受的。在大多数情况下，这孩子从不向家里吐露一点他的遭遇，因为他感到很耻辱。他默默地承受所受到的可怕的考验。

这类儿童到了16岁或18岁——即必须像成年人那样面对社会和生活中的问题时——往往会突然止步不前，这是由于他们已经失去了生活的勇气和希望。除适应社会方面的障碍之外，还遇到在婚姻及恋爱方面的障碍，因为他们没有能力再前进了。

面对这种情况我们该怎么办呢？这类人的精力找不到得以发泄的出口，他们孤立于整个世界，或者他们感到自己孤立于整个世界。这类人可能会自杀，因为他们希望用伤害自己的方式来达到伤害别人的目的。另一方面，还有一类希望销声匿迹的人，他们消失在精神病院里，甚至失去了他从前所具有的社会生活能力。他不再以正常方式谈话，不再接触人，与整个世界为敌。我们称这种状态为精神分裂或精神错乱。如果想帮助这些人，就必须找到一种办法使他们重建信心。这是非常困难的病例，但并非没有办法。

诊断：出生次序

对问题儿童的医治，首先取决于对他们生活风格的诊断，所以最好在这里复习一下个体心理学的诊断方法。诊断儿童的生活风格除教育意义之外，对其他许多事情也非常有用，但它在教育实践中却是一个很基本的步骤。

　　除了直接研究儿童生活风格的形成时期外，个体心理学还运用其他方法，如询问与未来职业有关的早期记忆和幻想，观察身体的姿态和动作，以及推断孩子在家庭里的出生次序。这一切我们在前文都已进行过讨论，但再次强调儿童在家庭中的地位仍然是有必要的，因为与其他方法相比较，它与教育的发展有着更为密切的联系。

　　儿童在家庭中的出生次序之所以重要，是因为长子在一段时间内是家里唯一的孩子，后来他又失去了这种地位。他曾一度享受着极大的权力，但最终却失去了它。而另一方面，其他孩子的心理却决定于他们不是长子这一事实。

　　我们常在那些最年长的孩子身上发现一种保守的特质，他们认为那些占有权力的人应该保持对权力的占有。至于他们自己，是因为偶然的变故而失去了权力。他们对于权力怀有极大的崇拜。

　　第二个孩子则处于一种完全不同的境况。他一路走来，不是作为注意的中心，而是有一个标兵跑在前面。他总是想与他的标兵并肩齐平。他不承认权力，总希望权力易手。他感受到一种在竞赛中才有的向前的冲动，他所有的行动都向人们显示出他总是盯着前面的目标并努力达到它。他无时无刻不想改变科学与自然的规律；一个货真价实的革命者——不是在政治上，而是在社会生活以及对待同胞的态度上。圣经故事中的雅各和以扫，就是我们可以找到的适当例子。

　　当最小的孩子出生时，其他的几个孩子已经长大了，那么，这个最小的孩子的处境将会与第一个孩子相似。

　　从心理学的观点来看，最年幼的孩子在家中的地位是相当有趣的。"最年幼"一词当然意味着他永远是最后的一个孩子,绝不会再有后来者。这种儿童处于一种有利的地位,因为他绝不会被取而代之。第二个孩子则有可能失去他的优越地位,他有时也会体验到长子的悲剧。但是这种情况绝不会发生在最年幼的孩子的生活中。因此他的境遇是最为优越的。在其他情况平等的条件下,我们便会发现最年幼的孩子得到了最好的发展。他与次子的相似之处在于他也是劲头十足地想超过他的哥哥姐姐。在他的前面也同样有标兵等待着他去赶超。但一般说来,他总是选择一条与家庭中其他成员都不同的道路。如果这是一个科学家的家庭,那么最小的孩子就可能成为一个音乐家或商人;如果这个家庭是经商的,那么最小的孩子就可能成为一个诗人。总之,他必须显得不同。因为选择另一条道路从而避免在同一个领域中进行竞争,是较为容易的。所以,他喜欢与大家背道而驰地去追寻另一条道路。不过,这显然也标志着他或多或少缺乏勇气,如果他雄心勃勃,则会直接在同一领域里一显身手。

值得注意的是,我们根据孩子在家中的地位所做出的预言是通过倾向性表达出来的,其中并不存在着必然性。实际上,如果第一个孩子聪明的话,他根本就不会被第二个孩子所征服,因此也就没有遭受悲剧的可能性了。这种孩子的社会适应性极强,他的母亲可能已将他的兴趣扩大到其他的人身上,其中也包括新生婴儿的身上。从另一方面来看,如果第一个孩子不可能真正地被征服,那么对第二个孩子来说,则是个很大的困难,他可能成为一个问题。由于这类孩子常常丧失信心和勇气,所以往往成为最糟糕的类型。我们知道,处于竞争中的儿童必须永

生活的科学

远具有获胜的希望；一旦这种希望不存在时，一切就都失去了。

独子也有其自身的悲剧，因为在整个童年时代，他一直是家庭的中心，他的生活目标就是始终保持这个中心位置。他思维的方式不是依照逻辑，而是依照他自己的生活风格。

在一个女孩子多的家庭里，唯一的男孩的位置也非常不利，并且会造成某种问题。人们通常认为这类男孩举止像一个女孩子。这种看法未免有些过于夸张。无论如何，我们大多数人都是受女人教育的，只不过在这样一种以女人为主体的家庭中，确实存在着困难。走进一所房子以后，你很快就可以判断出这家人是女孩多还是男孩多。家具陈设情况会有所不同，房间里的安静程度会有所不同，室内的秩序也会有所不同。男孩子多的地方，破损的东西多；女孩子多的家庭则一切都显得更为清洁。

处于这种环境中的男孩子可能尽力要使自己表现得具有男人气概，并夸大自己性格中的这一特征，要不然他就真会变得像家里的其他女孩子一样。总的说来，我们将发现这类男孩不是温顺柔弱、就是武断强硬，而后者实际上是在证明和强调他是一个男人。

在男孩多的家庭中，唯一的女孩子所处的地位也是同样困难的。她可能极为文静，发展出很典型的女性特征；也可能总是想做男孩子们做的事，并像男孩们那样去发展。在这种例子中，自卑感是显而易见的，因为在她所处的那个环境中，男孩们占据着优越的地位，而她却是这个男孩们感到优越的环境中唯一的女孩。自卑情结埋伏在她"只"是一个女孩这种感受中。"只"(only)这个词将整个的自卑情结都表达出来了。她于是发展起一种起补偿作用的优越情结，这种优越情结表现为千方百计地像男孩子那样穿着，也表现为在以后的生活中总想拥有她觉得男人们拥有的那种性关系。

　　我们现在可以结束对儿童在家庭中位置的讨论了，但在结束之前，再举一种特殊的情况。即第一个孩子是男孩、第二个孩子是女孩的情况。这两个孩子之间始终存在着激烈的竞争。女孩子被推着向前的原因不仅仅是由于她是第二个孩子，还因为她是个女孩。她付出更多的努力，于是成为第二个孩子中的一种很优秀的类型。她精力极为充沛，独立性很强，男孩发现她在竞争中总是越来越靠近自己。我们知道，女孩无论在身体上还是在智力方面都比男孩发展得快，例如一个12岁的女孩，就比一个同龄的男孩成熟得多。男孩看到了这一点，却不知该怎样解释它，于是他感到自卑，想就此放弃竞争。他不再进步，开始寻求逃避。有时候他从艺术中去寻找退避之路。而另一种情况则是变得神经过敏，或者患上精神病。他感到已无力继续坚持竞争。

　　这一类情形很棘手，即使用"每个人都有能力成就任何事情"这一理论也难以解决。我们应当做的是要让那男孩知道，如果女孩看起来领先于他，那仅仅是因为她实践得多，通过实践她找到了发展的好方法。还可以尽力将兄妹俩分别引入彼此不存在竞争的领域中，以便减少竞争的气氛。

第九章

社会问题与社会适应

　　其他心理学体系将其所谓的个人心理学和社会心理学予以区别,但是在我们看来并没有这种区别。迄今为止,我们的讨论都是试图对个人的生活风格进行分析,而这种分析又都带有一种社会的观点,并且是为了服务于社会。

个体心理学的目标是社会适应,看起来这似乎有些自相矛盾。不过即使果真如此,也仅仅是文字上的自相矛盾。事实是,只有当我们对个人的具体心理生活予以注意之后,才可能逐渐意识到社会因素的全面重要性。个人只有在社会的背景中才能成长为一个个人。其他心理学体系将其所谓的个人心理学和社会心理学予以区别,但是在我们看来并没有这种区别。迄今为止,我们的讨论都是试图对个人的生活风格进行分析,而这种分析又都带有一种社会的观点,并且是为了服务于社会。

　　现在继续进行分析,我们将对社会适应的问题多加强调。要讨论的案例材料也无大的变化,不过我们不再将精力集中在对生活风格的诊断上,而准备集中讨论行动中的生活风格,以及促进妥当行动的干预方法。

　　对社会问题的分析直接基于我们在第八章里讨论的主题,即对儿童教育问题的分析。学校和幼儿园是社会机制的缩影,在那里我们能够就其简化的形态来研究社会适应不良的问题。

童 年 早 期

以一个5岁男孩的行为问题为例。他母亲对医生抱怨说她的儿子过分活跃、多动,没有一刻安静的时候,实在令人头痛。她每天都是被他缠住,到晚上时已经是筋疲力尽。她再也不能忍受这孩子了,情愿将他送到外面某个机构,如果这种做法合适的话。

根据这些细节便可以很容易地"鉴别"这个孩子——我们能够轻易地将自己设身处地放到他的位置上。如果一个5岁的孩子过度活跃,那么他的生活风格就能够很容易地设想出来。一个处在那种年龄并同样活跃过度的孩子会干些什么呢?他会穿着笨重的鞋子爬到桌子上去,总是去摆弄垃圾脏物。假若他母亲想看书,他就会将电灯不断地开或关以闹着玩。如果他父母想弹钢琴或是一起唱歌——这孩子会怎么样呢?他便扯着嗓门乱喊乱叫,再不然就捂上耳朵,一口咬定他不喜欢这种吵闹。如果得不到他想要的东西,他便总是发脾气——他总是想要点什么东西。

如果在幼儿园看到这种行为,便可以断定这个孩子想要打架,他所做的一切都是为了引起争端。他一天到晚上窜下跳,而父母总是筋疲力尽。这孩子永远不会感到疲劳,因为他与父母不同,不用去做他不情愿的事情,他只想一刻不停地制造动静以吸引别人的注意。

有一件很独特的事非常清楚地说明了这孩子是如何努力成为父母的关注中心的。一天,他被带着去参加一个有他父母参加演出的音乐会。当歌唱到一半时,这孩子大叫了起来:"喂!爸爸!"并绕着音乐厅走起圈子来。我们可以预料到这种行为,然而他父母却对此大惑不解,他们认为孩子是正常的,虽然他此时的举动有些不正常。

在某种界限内我们可以说,他是正常的:他有一个非常聪明的生活计划。他所做的完全是符合他的计划的事。如果我们了解他的计划,就完全可以猜测出这一计划将导致的行为。以此便能判定,他并不是一个有智力障碍的人,因为智力障碍者绝不可能有一个这样聪明的生活计划。

每逢他母亲接待客人时,他便总是将客人从椅子上推开,并且坐上那张椅子。由此仍然可以看出这种行为与他的目标和生活原型的一致之处。他的目标就是凌驾于他人之上并控制他人,始终占据他父母的注意焦点。

可以断定,他曾经是个受宠的孩子,如果能继续受到娇惯,他便不会如此打闹了。换句话说,这是个已经失宠的孩子。

他是怎么失宠的呢?他肯定有了一个弟弟或妹妹。这个5岁的孩子于是面临着一个新的处境,他感到了遭受排挤的危机,于是奋起抗争以维护他确信已失去的中心地位。为此,他才总是缠着他父母。此外还有另一个原因。我们可以看到,这孩子对新的环境并无准备,他在处于受宠的地位之时,未能培养起任何集体感,因而不能适应社会生活。他感兴趣的只是他自己,他念念不忘的只是他一己的得失。当问及他的母亲这孩子怎样对待他的弟弟时,母亲坚持认为他是喜欢弟弟的,虽然每当他和弟弟一起玩耍时,老是把弟弟打倒在地。很遗憾,我们不能认为这种行为是爱的表现。

为了充分理解这种行为的意义,我们应该将它与常见的那些好斗儿童的行为加以比较:他们并不是一直不停地打架。这些孩子非常聪明,绝不会这样做的,因为他们知道父母终究会制止他们的打闹。于是,他们逐渐停止了好斗的习气,良好的行为慢慢增多。然而旧习气总会复发,比如这孩子在与弟弟玩耍的过程中,总是将弟弟打倒在地。他玩耍的目标就是要将弟弟打倒。

那么这孩子对他母亲的态度如何呢?如果母亲打他的屁股,他便一边笑一边说打得一点也不痛;若是母亲稍微打得重一点,他就会安静一会儿,而这只是为了过一会儿之后开始他的打闹。应该加以注意的是这孩子的全部行为是如何以他的目标为条件的,他所做的每一件事又是如何直接导向这个目标的——这一切明显得足以使我们预见到他的全部行为。反之,如果原型不是一个统一体,或者如果不知道原型的目标,我们便不能够预见到这些行为。

学校的问题

设想这个孩子开始走向生活了。他上了一所幼儿园,我们可以预料到那里将会发生什么事情。同样也可以料到,如果他还像上一次那样被带去参加音乐会,将会发生什么事情。一般说来,他是在一个较为轻松的环境里行使他的统治权利,而在一个比较紧张的环境里,他会奋力争夺统治地位。如果遇上严厉的老师,他在幼儿园里就待不长久。在此情况下,这孩子就可能极力寻找逃避的方法。他可能会紧张,而这种紧张的心情又可能会使他表现出头痛、烦躁不安等症状。这些症状便是神经官能症的最初征兆。

另一方面，如果处于轻松愉快的环境之中，他就会感到自己是注意的中心。在这种情况下，他甚至可能成为学校的学生领袖——彻底的胜利者。

幼儿园是一个带有社会问题的机构。个人必须对这些问题有所准备，因为他得遵守集体的规矩。儿童必须被培养成为对这个小小的集体有用的人，而要成为有用的人就需要他们关注他人，而不是只对自己感兴趣。

在公立学校里，同样的环境再一次出现，我们可以设想这类儿童将会遇到的情况。在私立学校里，事情也许会容易些，因为一般来说那里学生较少，老师对学生的照顾可以更周到些。在这样一种环境里，也许谁也不会发现他是个问题儿童，相反，校方也许还会这样说："这是我们最聪明的孩子，我们最好的学生。"他也可能会成为全班的头儿，这时他在家里的行为也会有所改变。他可能已经满足于只在某一方面表现出优越。

一个孩子在上学之后，行为发生了改变，如果遇上这类例子，就可以断定，这孩子在班上的地位很有利，他在那里感到了优越。但通常的情况则相反，在家里极受人爱护且温顺听话的孩子，到学校后往往闹得全班都不得安宁。

第八章曾谈到学校所处的位置是介于家庭和社会生活之间。因此我们便能够明白这个孩子离开学校然后进入社会生活之后，会出现些什么情况。社会生活绝不会像学校那样会给他提供一个有利的环境。人们常常感到困惑的是，为什么在家里和在学校曾经非常聪明的孩子在以后的社会生活中竟会显得那

么平庸无能。我们眼下就有一些问题成人,他们的神经官能症以后还可能转变为精神病。谁也不明白这种病例,因为这些人的原型在他们进入成年生活之前一直被有利的环境条件所掩盖。

为此,我们必须学会识别隐藏在有利环境下的错误的原型,至少也要能够意识到它的存在。有几种征兆可以看成是错误原型的特定表现。一个总想吸引别人的注意力而又缺乏社会兴趣的儿童,常常不爱整洁,他用这种方式来占据别人的时间。他不愿去睡觉,半夜啼哭或尿床。他还会显出急不可耐的样子,因为他发现急躁可以作为一种武器来迫使别人服从自己。所有这些征象都出现在有利的条件下,通过寻找这些征象,我们就可能得出正确的结论。

三大生活难题

让我们来看看这个带着错误生活原型的孩子十七八岁即将成年时的情况吧。在他身后有一块非常辽阔的"穷乡僻壤",由于我们对这片"贫脊之地"并不十分清楚,所以难以对它评价。要发现生活风格以及目标是不容易的。但一旦他参与到社会生活之中,就势必要面临我们所谓的三大生活难题,即社会问题、职业问题以及恋爱和婚姻问题。这些问题源起于与我们的存在紧密相连的各种关系之中。社会问题涉及我们对于他人的行为举止,涉及我们对于人类以及人类未来的态度。它关系到人的生存和救赎。因为人的生命是如此的有限,我们只有共同合作才能得以延续下去。

至于职业问题,我们可以通过孩子在学校里的表现来判断。可以肯定,如果他带着要出人头地的念头去寻找职业,他会发现要找到这样一个职位是非常困难的。很难找到一个可以不隶属于人或者可以不与他人打交道的职位。但是,眼前这个孩子只对自己的利益感兴趣,他很难在一个要听从调遣的职位上干得很好。而且,这种人在企业中也很难成为深受他人信任的人,他从来不能使个人的利益服从于公司的利益。

总的来说,社会适应能力是在某项职业中取得成功的先决条件。能够理解顾客的需要,见他们之所见,闻他们之所闻,感他们之所感,具有这种能力在经营中便具备了有利条件。这种人定将走在别人前面。而我们所讨论的这个孩子却绝不可能如此,因为他总是关注着自己的利益。他只能发展出为前进所必需的一部分能力,因此在职业上他常常是一个失败者。

在大多数情况下,我们发现这类人从来没有为职业做好充分的准备,至少也要很晚才能承担一项工作。他们有可能在年逾三十之时还不知此生想要干什么。他们不断地变换学习科目,或者调换工作职位。这种现象表明,无论何事对于他们都是难以适应的。

有时,我们会遇上一些十七八岁的年轻人。他们很努力,但却不知道努力的方向。对于这个年龄的人来说,重要的是要能够理解他们并帮助他们做出职业的选择。他仍然能够重新对某些事情发生兴趣,并从头开始接受适当的训练。

另一方面,我们发现一个处在这个年龄的孩子不知道自己以后想干什么,这确实令人感到困惑。这种类型的孩子常常是难以成事的。无论是家庭还是学校,都应在他们未到就业年龄

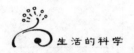

时就致力于引导他们思考未来的职业规划。在学校里,通过布置诸如"我今后想干什么"之类的命题作文,可以达到这一目的。写这种主题的作文,可以使他们明确地面对这个问题。否则,当他们遇到它时,就已经晚了。

我们的青年必须面对的最后一个问题是恋爱与婚姻的问题。既然人分两性,那么这个问题就显然极为重要。倘若我们人类只有一种性别的话,一切都会大为不同。但事实既然如此,我们也就不得不训练自己对待异性的行为方式。在后面我们将以相当篇幅来讨论恋爱和婚姻问题,这里只是提一下它与社会适应方面的问题的相互关系。缺乏社会兴趣会导致对社会以及职业的适应不良,同样也会导致与异性正常交往能力的欠缺。一个排他的自我中心者对组建一个两口之家绝不会有适当的准备。性本能的主要目的之一似乎确实是要将一个人从他那极其狭小的自我天地中拖出来,以使其做好社会生活的准备。但从心理的角度来说,我们半道上就会遇上性本能的问题——性本能绝不可能已经完成它的作用,除非我们首先已经放弃了自我而融进一个更大的生命之中。

现在可以对我们所研究的这个男孩得出一些结论了。我们已经看到,他站在生活的三大难题面前,心怀绝望,害怕失败。他带着个人的优越目标尽可能地排斥生活中所有的问题。那么他还剩下什么呢?他拒绝融入社会中去,他对别人心怀敌意,他多疑且孤立。由于对他人不感兴趣,他也就不在乎自己给人的印象,于是常常是衣衫不整,显出一个精神病患者所具有的一切外貌特征。我们知道语言是一种社会需要,但他却不愿意使用。他根本就不说话——这就是精神分裂症的一种特征。

他自己设置的障碍把他与生活中的一切问题都阻隔开来，于是他的道路就只能是一条通向精神病院的道路。他的优越目标导致了一种隐士般的隔绝，改变了他的性驱力，从而使他不再是一个正常的人。有时候，他竟妄图飞天，或者就自以为是耶稣基督或中国古代的皇帝。通过这种途径，他表现出了他的优越目标。

预防与改正

正如我们常说的那样，一切生活问题本质上都是社会问题。在幼儿园和学校，在友谊交往和日常生活中，无处不表现出社会问题。很明显，我们的一切能力都将进行社会性的聚焦并导向为人类服务。

我们知道，缺乏社会适应能力的原因肇始于原型。问题在于，怎样预防这种缺陷。如果不仅仅是告诉父母们如何预防这类巨大的错误，同时还告诉他们怎样去诊断原型中这些错误的细微表现并告诉他们纠正这些错误的方法，那将是一件大有益处的事情。但事实是，这种办法不可能取得多大的效果，因为那种主动学习、愿意避免错误的父母实在为数太少。大多数这类问题儿童的父母对心理与教育问题不感兴趣。他们或者对孩子毫不关心，或者娇惯孩子，对任何一个不认为他们的孩子是完美无瑕的人都充满着敌意。要通过他们来预防和改正孩子们的错误是不会有成效的。况且，在短时间内要使他们对一切都能有一个良好的认识也是不可能的。要把他们应该知道的事情告诉他们并给出建议，需要花费我们大量的时间。更好的办法就是

找一位内科医生或心理学家以求得诊治。

除了医生与心理学家的帮助外，只有学校教育能取得最好的效果。原型中的错误经常要等到一个孩子上了学以后才会暴露出来；一个知晓个体心理学方法的老师在很短的时间内就能够发现错误的原型。她能够看出一个小孩是否合群，是否努力推动自己向前以成为大家注意的中心；她还能够看出哪些孩子有勇气、哪些孩子缺乏勇气。一个受过良好训练的教师在第一个星期内就能够了解孩子原型中的错误。

从其社会作用的性质来看，教师更有能力改正孩子们的错误。人类创办学校是因为家庭没有能力给予儿童足够的教育以帮助他们适应社会。学校是家庭的延伸，儿童性格的很大部分是在那里形成的，他们在那里学习怎样去对待生活中的问题。

重要的是，学校里的教师应该具备心理洞察能力，以使他们能够恰当地履行其职责。未来的学校势必会更多地沿着个体心理学的路线去发展和治理，因为，学校的真正目的就是养成个性。

第十章

社会感,常识与自卑情结

"自卑情结"与"优越情结"这两个术语本身就已经表示出了适应不良产生的后果。之所以不是每个人都具有这两种情结,原因在于:他们的自卑感与优越感被一种心理机制所控制,从而进入了对社会有用的层面。这一机制的动机就是社会兴趣、勇气、社会感以及常识的逻辑。

我们已经知道，对社会的适应不良是由自卑感与优越感的一系列社会后果所引起的。"自卑情结"与"优越情结"这两个术语本身就已经表示出了适应不良产生的后果。这些情结并无种族差异，也与血缘毫无关系：它们只在个人与其社会环境的相互影响过程中形成。但为什么并非所有的人都形成自卑情结与优越情结呢？人人都有自卑感，人人都追求成功与优越，这是构成他们的精神生活的必要因素。之所以不是每个人都具有这两种情结，原因在于：他们的自卑感与优越感被一种心理机制所控制从而进入了对社会有用的层面。这一机制的动机就是社会兴趣、勇气、社会感以及常识的逻辑。

概　　论

让我们来研究一下上述心理机制的功能吧。只要自卑感不是太重，每个儿童都会努力成为一个有价值的人，并站在生活有用的一面。这种儿童对他人表现出兴趣，以便达到自己的目的。社会感与社会适应就是对此所做的补偿。从某种意义上来说，任何人——无论儿童或成人——对优越的追求都会导致这样的发展。绝对没有人会说："我对别人不感兴趣。"他可以这样做，以示他确实对这个世界毫无兴趣，但他绝不可能为自己的行为找到任何根据。他反而会说自己对他人感兴趣，以此来掩饰他对社会适应能力的缺乏。这是对社会感的普遍性的有力证明。

然而，适应不良的情况又确确实实在发生着。我们可以通过对边缘病例的观察来研究它们的起源。所谓边缘病例，就是其中存在着自卑情结的病例。这种自卑情结只是因为处于顺境中，所以没有公开表现出来。如果一个人没有碰到困难，看上去完全顺心如意。自卑情结在这种情况下处于隐蔽状态。倘若仔细观察，就会发现他是怎样表现出他的自卑感来的——即使不表现在语言或思想观点中，也会表现在态度里。受这种情结折磨的人总是在寻求着解脱方法，以解脱他们的自我中心强加在他们肩上的包袱。

有的人隐藏起他们的自卑情结，而有的人却承认："我有自卑情结。"这种现象是十分有趣的。承认有自卑情结的人总是因自己的坦诚而颇为自得，他们觉得自己比其他的人伟大，因为他们承认了其他人不能承认的事情。他们扪心自语："我是诚实的，我不隐瞒自己的病因。"但他们在承认自己的自卑情结的同时，又暗示了一些出现在他们的生活中或出现在其他情况下的困难应对他们的这种处境负责。他们可能会谈到他们的父母或家庭，谈到没有受到良好的教育，或者某次事故、被夺取的权利与地位、受到的压抑以及其他一些事情。

自卑情结经常被作为补偿的优越情结而隐藏起来。符合这种情况的人傲慢、自负、无礼,多是势利小人。在外表和行为之间,他们更看重前者。

这类人在早期追求优越的过程中曾出现过怯场的情况,他们便以此为由,开脱自己的一切失败。他们说:"如果不怯场的话,我什么不能做呢?"这种带有"如果"一词的句子往往都隐藏着自卑情结。

自卑情结还可以表现为如下特征:狡猾,谨小慎微,好卖弄,排斥生活中的重大问题,以及寻求一个为无数原则和规矩所限制的狭窄的活动领域。类似倚靠柱子这种姿态也是自卑情结的一种表现。这种人不相信自己,他们会培养起一些奇怪的兴趣,总是让一些诸如收集报纸或广告之类的小事情占据住自己,以此来浪费掉时间,并且总是原谅自己的这些行为。他们太多地训练自己的无用的方面,长此以往,必将导致强迫性神经官能症。

一般说来,每一个问题儿童的身上都隐藏着自卑情结,不管这些儿童表面上表现出的是哪一类问题。懒惰实际上是要排斥生活中的重要任务;偷窃是利用另一个人的大意或不在场;撒谎是没有勇气说真话。儿童身上的所有这些表现都以自卑情结为其核心。

神经质是自卑情结经发展后的结果。当一个人患上了焦虑性神经质以后,他还有什么事情不能做呢!他会一直想有人陪伴他。他需要别人的服务,使别人为他所占据。这里可以看见自卑情结到优越情结的转换过程。其他人必须为他服务!通过这种办法,他感到优越。精神错乱者身上也表现出这种类似的发展过程。当自卑情结把他们逼入困境后，他们把自己想象成伟大的人物，从而在一条想象的道路上获得了成功。在情结得以发展的所有病例中，心理机制功能在社会生活过程中的失败，皆起因于个人的勇气缺乏。

这种勇气缺乏阻止了他们遵循社会的发展轨迹，而与此相伴随的，则是在智识上不能理解社会发展轨迹的作用和必要性。

病　　例

这一切在罪犯的行为中都能够得到最清楚的证明——他们是典型的自卑情结的例子。他们懦弱、愚蠢，而这种懦弱与愚蠢作为同一种倾向又走到一起来了。

酗酒可以按照相同的逻辑进行分析。酗酒者想从他们的问题中解脱出来，然而又沉浸在生活无用方面带来的暂时的解脱。

这种人的世界观和知识构成与社会常识截然不同，社会常识使得正常人保持着勇敢的生活态度。罪犯则总是为自己开脱或者指控他人，他们强调劳动中那种无利可图的状况；他们诉说社会的冷酷，因为社会没有给他们支持；肚子饿了，就要想办法。审讯时，他们总是找些开脱的理由，就像谋害儿童的罪犯希克曼说的那样："这是上边的命令。"另一个杀人犯在审讯时说："我杀掉的那个小孩究竟有什么用处呢？还有一百万个和他一样的小孩。"由此而产生出这样一个诡辩"哲学家"，他宣称，当许多更有价值的人在挨饿时，杀死一个有钱的老太婆并不是一件坏事。

这种逻辑的基础是十分脆弱的。他们的世界观都是被他们那种于社会毫无用处的目标所限制的，正如他们对目标的选择

也是被他们的勇气缺乏所限制的一样。他们随时都在为自己辩护,而一个在生活有用的方面的目标却不需要任何言辞,不需要任何辩解。

我们试举几个临床病例来说明社会态度和目标是怎样转化为反社会的态度和目标的。

案例一是一个差不多14岁的姑娘,她在一个朴实的家庭中长大。父亲是一个非常勤劳的人,只要还能干活,他就一直支撑着这个家。然而父亲得了病。母亲是一个诚实而善良的人,非常喜欢家里的6个孩子。老大是个聪明的姑娘,可惜12岁时就病死了。二女儿有病,但后来恢复了,找了个工作来帮助养家。接下来就是我们要讲的这位姑娘了,她一直都很健康。她母亲完全被那两个有病的女儿和她的丈夫所占据,没有时间顾及她——她名叫安妮。还有一个弟弟,也很聪明,但也有病。结果,安妮发现自己被挤在两个受到宠爱的孩子中间。她是一个好孩子,但她却感到她不像其他孩子那样得到同样多的关注。她满怀怨言,感到自己受到了忽略,非常压抑。

但安妮在学校功课很好,她是班里成绩最好的学生。由于她成绩优秀,老师推荐她继续深造。于是,她十三岁半就进了高中。在高中,她发现有一个新老师不喜欢她。也许在开始时她就并非顶好的学生。由于得不到赏识,她的情况每况愈下。以前受到那个老师的欣赏时,她没有成为一个问题儿童,她得到很好的鉴定评语,也非常受同学们的喜爱。但一位个体心理学家在这种情况下,也能够从她的友谊中看出一些错误的东西。她总是批评她的朋友们,总想指挥她们。她希望成为注意力的中心,受别人恭维,但绝不能接受批评。

安妮的目标是受人赏识、被人宠爱和让人照顾。她发现自己只有在学校里——而不是家里——才能办到这一点。但在新的学校,她发现别人不再欣赏她了;老师排斥她,断定她不够优秀学生的资格,在她的鉴定上写很坏的评语。最后她终于开始逃学了,一逃就是几天。当她回校后,情况变得更糟。最后老师建议将她从学校开除。

然而开除并不能解决问题,这无异于承认学校和教师没有办法。但如果他们自己不能解决,就应该请有办法的人来。或许与她的父母商议,安排她进另一所学校;也可能有另外一位教师会更好地理解安妮。但她的老师却不那样想,她想:"如果一个孩子逃学、退步,她就必须被开除。"这种思想方法是个人知识的一种表现,而不是常识。对于一个教师来说,常识是特别需要的。

以后发生的事情就可想而知了。这个姑娘失去了她最后的一根支柱,觉得在一切事情上她都很失败。因为被学校开除,她在家里受到的那很少的一点赏识也消失了。于是她又从家里跑了出去,消失了一段时间。最后竟发展到和一个当兵的谈起了恋爱。

她的行为很容易理解。她的目标是受人赏识,从前她受的训练都是向着有用的方面,但现在她开始了向着无用方面的训练。那个军人最初欣赏她、喜欢她。但后来她家里接到她的信,她在信中说自己怀孕了并想服毒自杀。

给她的家人写信这一举动,折射出她的性格。她一直不停换着法儿,引起别人的关注。回到家里她知道她母亲已经绝望,因而不会再骂她。她觉得她的家庭能够再见到她,只会非常

生活的科学

高兴。

在处理这一类病例时,共情(identification)——富于同情心地把自己放在他人的处境之中的能力是最为重要的。这里有一个想要得到赏识的人,她朝着这个目标推进。如果我们换位思考,就会自问:"我要干什么呢?"性别和年龄是必须考虑的因素。我们应该尽量鼓励这样一个人——鼓励她趋向于有用的一面。我们应该尽量使她明白:"也许我应该转学,但是我并不是退步了。也许我还训练得不够充分;也许我观察不正确;也许我在学校里表现出过多的个人智识,所以老师不能理解。"如果可能给他们勇气的话,那么这些人就可以学着在有用的方面训练自己。能够将一个人毁掉的正是这种与自卑情结联系在一起的勇气缺乏。

让我们将另一个人放在这个女孩的位置上。假如一个与她同样年龄的男孩,就有可能发展成为一个罪犯。这种例子屡见不鲜。如果一个男孩在学校里丧失了勇气,他便可能游荡在外,成为犯罪集团中的一员。这种行为不难理解。当他失去希望之后,他就会开始迟到,伪造假条的签名,不做作业并寻找去处,以便逃学。在这些地方,他遇见了曾经与他有相同经历的同伴,他便成了这伙人之中的一员。他失去了对学校的一切兴趣,发展出一种个人的观念。

自卑情结常常与这种想法——即某人没有特殊的能力有关。有的人天生有禀赋,而其他人却没有。这本身便是自卑情结的一种表现。根据"每个人都能成就某种事情"这一个体心理学的原理,如果一个男孩或女孩对于遵循这条准则感到绝望,并觉得自己不能够达到在生活有用方面的目标,这便是自卑情结的征象。

遗传的性格特征是自卑情结的部分表现。如果说这种信念是真实的——也就是说成功完全依赖于天生的能力——那么，心理学家将一事无成。然而实际上，成功取决于勇气，而心理学家的职责是将绝望的情绪转变为一种充满希望的情绪，这种情绪为我们进行有用的工作加油助力。

有时候我们会看到一个16岁的青年被学校开除后，在绝望中自杀了。他的自杀是一种报复——一种对社会的控告。这是年轻人自我肯定的方法，只是这种自我肯定不是凭借常识，而是凭借个人的智识。在这种情况下，必要办法便是说服这个男孩，给他勇气去选择有用的道路。

我们还可以举出很多其他的例子。比如一个女孩，她11岁，在家里不受喜欢。其他的孩子都受到偏爱，而她感到自己是多余的，于是变得乖戾难驯，爱吵爱闹。这个例子解释起来很简单：这女孩感到她不受赏识。开始她还想尽力争取，后来便绝望了。有一天，她开始偷东西。对个体心理学家来说，偷窃对一个孩子而言，并不是一件多么严重的犯罪行为，而只是一种想丰富自己的举动。如果一个人没有感到自己被剥夺掉了什么，是不可能丰富自己的。她的偷窃是她在家里缺乏爱并感到无望的结果。一旦儿童感到自己被剥夺了什么东西，他们就开始偷窃。这种感觉也许不能表明真实的情况，但却是他们行为的心理原因。

另一个案例是一个8岁的男孩——一个其貌不扬的私生子，他与养父养母住在一起。养父养母不怎么关心他，也不约束他。有时候养母给他糖果吃，这种时候无疑是他生活中的幸福

时光。当养母不再给他糖果时,这可怜的孩子感到伤心透了。后来,他养母与一个老头又结了婚,又生了一个女孩,这女孩是老头的唯一快乐。自然,老头非常宠爱女儿。夫妇俩继续收留男孩的唯一原因就是不想支付他在外面生活的抚养费。老头回家时,常常给小女孩带回糖果,却一点也不给这男孩吃。其结果是,他开始偷吃糖果。他之所以偷东西是因为他感到自己被剥夺了权利,因此他要丰富自己。养父为他偷东西的事打他,但他仍然继续偷。有人可能认为这孩子尽管挨打,但仍不改悔,这表现出了他的勇气。然而并非如此,他其实也希望不被发现。

这是一个受到敌视的孩子的例子,他从来没有被视为一个平等的人所应有的那些体验。我们必须给他机会,让他作为同等的人而生活。当他拥有同情心并能设身处地为他人着想的时候,就会理解他的养父看见他偷窃时的心情,就会理解小女孩发现她的糖果丢失后的心情。在此,我们再一次看到缺乏社会情感、缺乏相互理解以及缺乏勇气这三者,是如何走到一起并共同形成了自卑情结的——在这个例子中表现为一个受到敌视的孩子的自卑情结。

第十一章

恋爱与婚姻

一切有关恋爱和婚姻的能力、障碍以及各种特殊倾向,都能够在早期形成的原型里面找到。

对恋爱和婚姻的准备，首先是要学会做一个能与人相处的人并且能够适应社会。在进行这种一般性准备的同时，还应该从童年早期就开始进行某种关于两性本能的训练直至成年时期——一种为在婚姻和家庭中取得正常的本能满足所进行的训练。一切有关恋爱和婚姻的能力、障碍以及各种特殊倾向，都能够在早期形成的原型里面找到。通过观察原型中的特征，我们便能够得以把握今后将出现在成年生活中的种种困难。

平等的前提

我们在恋爱和婚姻中所遇到的问题与一般社会问题的性质是相似的。这里存在着同样的困难和同样的任务；将恋爱和婚姻看作是诸事顺遂的人间天堂是一种十分错误的观点。这其中自始至终都存在着种种任务或课题，需要时刻把对方的利益铭记在心才可能将它们一一完成。

超出于普通的社会适应方面问题的是,在恋爱和婚姻里,需要格外的同情心与格外的能力去设身处地的关照对方。如果说现在很少有人对家庭生活有着适当的准备,那么问题就在于他们根本没有学会用对方的眼睛去查看,用对方的耳朵去倾听,用对方的心灵去感受。

　　前面数章的讨论多是集中在那类从小到大只对自己感兴趣而丝毫不关心他人的儿童。我们不可能指望这种类型的儿童随着他们身体性本能的成熟而在朝夕之间就改变他们的性格。正如他们对社会生活丝毫没有准备一样,他们对于恋爱和婚姻问题也同样是障碍重重。

　　社会兴趣的成长是一个缓慢的过程,只有那些从最早的童年阶段开始就真正受到社会兴趣方面的训练并始终沿着生活有用的方面奋斗不止的人才可能具有社会情感。因此,要知道一个人是否对与异性共同生活有着充分的准备,也并不难。

　　我们只需记住对生活有用的方面所做过的观察和评论。站在生活积极方面上的人充满勇气和自信,能够直面生活中的问题并迎头上前去寻找解决方案。他们与同志、朋友、邻居友善相处。不具备如上特征的人乃是不可信任并且不能被看作是对恋爱与婚姻有所准备的人。另一方面,如果一个人有一项职业并且在工作中不断有进展,那么我们也可以说他或许具备了结婚的条件。我们可以通过一个很细微的征状来进行判断,这一征状具有非常重要的意义,因为它标明一个人是否具有社会兴趣。

　　对于社会兴趣本质的理解使我们明了,恋爱和婚姻问题只有在完全平等的前提下才能得到圆满的解决。这种基本的平等交换关系是至关重要的,而一方是否尊重另一方则无须过于看

重。爱情本身并不能解决问题,因为爱情是多种多样的。只有在建立起了一种适当的平等基础以后,爱情才能走上正确的轨道,从而使婚姻获得成功。

结婚以后,无论是男方还是女方如果想要成为婚姻关系中的征服者,其结果都将是毁灭性的。在期待结婚的时候心怀这种想法就不是正确的准备,婚后的情形将会证明这一点。要想在一个没有为征服者留有任何位置的领域内成为一个征服者,是一件不可能的事情。婚姻之境所需要的是关注对方,以及设身处地为对方着想的能力。

婚姻准备

现在我们来讨论一下为婚姻生活所必需的特殊准备。我们知道,这涉及对与异性吸引本能相联系的社会情感的训练。事实上,每一个人从其童年时候开始就在心目中创造出了一个理想化的异性形象。就男孩子而言,这位理想的异性很可能是以母亲为原型的,他往往会寻找一个与他母亲相似的女人作为妻子。有时候,在男孩和母亲之间也许存在着一种令人不愉快的紧张状态,在这种情况下,他则可能转而寻求一个类型与他母亲相反的女孩子。母子间的关系与他以后对妻子的选择有着异常紧密的联系,我们甚至可以从眼睛、身材以及头发的颜色等细节中观察到这种联系。

如果母亲盛气凌人,总是压制这个男孩,那么当恋爱与婚姻的季节来临时,他往往不想勇敢地迎上前去。因为这种男孩子的理想化异性形象是那类柔弱、驯顺的姑娘。另外,如果这孩子争强好斗,他便会在婚后与妻子打架并企图主宰她的生活。

由此可见,在童年时期表现出来的一切状况如何在面临爱情问题时得到激化和凸显。我们可以想象一个受自卑情结折磨的人在两性问题上的行为。也许因为他感到自己软弱、自卑,所以常常需要得到他人的支持,他这样来表现出自卑感。这类人的理想化异性形象往往都具有慈母般的性格。或者,有时候他会反其道而行之,在爱情中变得傲慢、争强好胜,以此来对他的自卑进行补偿。同样,如果他没有足够的勇气,那么他就会在选择伴侣时感到所受限制太多。他可能会选择一个好斗的姑娘,并以在两性激战之中能成为一个征服者为荣耀。

无论是男性还是女性,这样做都不可能获得成功。利用两性关系来满足自卑情结或者优越情结是十分愚蠢和可笑的。然而这类情况却并不少见。如果我们仔细观察,就会发现许多人所寻找的配偶实际上是牺牲品。这些人不明白,两性关系不能被用作达到此类目的的手段。因为,如果一方想成为征服者,另一方同样也会想成为征服者,结果使得夫妻共同生活成为不可能的事。

如果明白了可以利用两性关系来满足个人的情结这一要点,那么一些在选择异性上的奇怪现象就可以解释清楚了。这些现象如用其他原因来解释是难以令人理解的。它告诉我们,为什么有些人会选择柔弱、多病或者年龄偏大的异性。这是因为他们相信这样的选择将会使事情对他们变得容易些。有时候他们寻找结过婚的人,这就是那种不想自己费心来解决问题的例子。有的时候我们还会看到一个人同时与两位异性恋爱,其中的原因正如前文中已解释过的那样,"两位姑娘加起来,麻烦

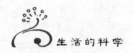

少于一位姑娘"。

我们知道一个受自卑情结折磨的人如何调换职业,拒绝正视问题,并且从来不能把一件事做完。当遇到爱情问题时,他的行径也绝不脱离这种风格。与一个已婚的人恋爱或者同时与两个人恋爱正是满足他的习惯性倾向的一种方式。除此之外还有其他方式,比如,迟迟不兑现的婚约,或者是永远不会发展成婚姻的不断求爱的把戏。

被宠坏的儿童在婚姻中表现得尤为典型。他们还想从婚姻伴侣那里得到娇惯。这种情形在求爱初期或婚后头几年可能不会有什么危险,但在往后就会导致一种复杂的情况。我们可以想象两个被娇惯的人结婚后,会发生些什么样的事情。他们彼此都想受到娇惯,而谁也不愿去充当娇惯对方的人。这就好比他们彼此相对而立,互相期待着谁也不会给予对方的东西。他们双方都感到自己不被对方所理解,而错不在己。

我们可以理解,当一个人感到被误解、行动能力被剥夺以后将会出现什么情况。他会感到自卑,希望逃避。这种感觉在婚姻中更为糟糕,尤其是在一种极端绝望的情绪出现以后。每当此时,报复心便会乘虚而入。一方希望扰乱另一方的生活,要达到这个目的最通常的办法就是对爱情不忠。不忠通常是一种报复行为。不错,不忠的人总是以爱和感情来为自己辩护,然而我们知道感情的真正价值。感情往往与追求优越的目标混淆一气,但不应被当作辩护词来使用。

这里举一个受娇惯的女人作为例子。和她结婚的男人从前总是感到自己的权利被受宠的弟弟夺走了。我们可以想象他是如何倾心于这个独生姑娘。这姑娘反过来也总是希望受到赏识和宠爱。在生孩子之前,他们的婚姻非常幸福。可以预料他们后来的情况会怎么样。妻子想做家庭的中心,唯恐孩子会把那地位占去,因此她对生孩子并不感到高兴。另一方面,丈夫也想受到宠爱,唯恐孩子会将他取而代之。结果,丈夫和妻子变得互相猜疑,也许他们没有忽视孩子,也算是很好的父母,但他们总担心着彼此之间的感情会减弱。这种猜疑非常危险,因为一旦有谁开始忖度每一句话、每一个行动以致每一个表情,那么就很容易发现,或者说发现感情的减弱迹象。事有凑巧,当妻子在产后恢复并照顾婴儿期间,丈夫到巴黎去度假旅行。他从巴黎写信回来愉快地告诉妻子,他玩得怎样痛快,怎样遇见了各式各样的人,等等。妻子开始感到自己被忘却了,因而失去了以前那种幸福感,变得非常抑郁,很快就患上了广场恐惧症。她再也不敢独自出门;丈夫回家后,总是不得不陪着她。从表面上看,她似乎达到了目的,已经成为注意的中心。然而这并不是正常的满足,因为她感到如果她的广场恐惧症消失了,她的丈夫也会随之而消失。于是她继续患着广场恐惧症。

在她生病期间,她找了一位医生。医生尽力帮助她。在医生的关照下,她好了起来。这时她将她所有的一切美好的感情都倾注于医生。但医生见她病情转好以后,就离开了。她写了一封很友好的信,感谢医生为她所做的一切,医生没有回信。自此以后,她的病情就变得更加严重起来。

这时候,她开始幻想与别的男人私通,以此报复她的丈夫。但她的广场恐惧症保护了她,因为她不能独自一人出门,而总得由丈夫陪伴着。这样,她的不忠的愿望才没能得以实现。

婚 姻 咨 询

我们在婚姻中看到的那么多错误使我们自然而然要提出这样一个问题："这一切难道都是必然的吗?"我们知道错误是在童年时期开始的,我们也同样知道,通过发现原型的特征可以改正错误的生活风格。那么,是否可以成立一些咨询机构以个体心理学的原理来解决婚姻中的问题呢？这些咨询机构可由受过专业训练的人员组成,他们懂得个人生活中的一切事件是如何纠结在一起的,他们能对前来寻求指导的人表现出共情的理解力。

这些咨询师不应该说："你们的矛盾无法协调。你们老是吵架。你们应该马上离婚。"离婚能有什么用呢？离婚之后又会怎么样呢？离婚的人总想重新结婚,又继续从前那种生活风格,这几乎已经成了一条定律。我们有时候遇见一些人,他们一次又一次地离婚,再一次又一次地结婚。他们完全是在重复着自己的错误。这种人可以去请教咨询师,他们准备进行的婚姻或者爱情关系是否有任何成功的可能性,他们也可以在离婚之前去请教咨询师。

有很多起始于童年时期的细微错误,直到结婚以后才显得重要。有的人总是认为他们会遭受失望。有些儿童从来郁郁寡欢,总是害怕遭受失望。他们或者感到自己被人喜爱的位置被取代了,别人受到了偏爱；或者由于一个早期遇到的困难而变得迷信起来,唯恐类似的悲剧再度发生。很容易看出,这种害怕失望的情绪将会在婚姻生活中制造无尽的嫉妒和猜忌。

妇女可能面对的一个特殊困难是，她们感到自己不过是男人们的玩物，而男人总是不忠的。不难看到，带有这种思想负担的婚姻生活是不会幸福的。只要一方有了这种认为对方可能会不忠的成见，婚姻就没有任何幸福可言。

人们总是在寻求恋爱和婚姻方面的建议，从这一事实可以判断，恋爱和婚姻一般被看作生活中最重要的问题。然而，根据个体心理学的观点，它却并不是最重要的问题，尽管其重要性不可低估。个体心理学认为，在生活中绝不存在一个问题比另一个问题更重要的情况。如果人们过分强调恋爱和婚姻问题，并把它看成具有至高无上的重要性，那么他们就会失去生活的平衡与和谐。

在人们心目中，这一问题竟被赋予了如此过分的重要意义，其原因或许是，它与别的问题不同，我们对此都没有受到过任何正规的指导。回忆一下我们所讨论过的生活的三大难题。社会交往问题居其首，它关系到我们对别人的行为。从生活的第一天起，我们就被教导该如何与他人相处了。很早我们就开始学习这些事情。同样，我们受到过正规的职业训练，有教师教给我们各项职业的技艺，也有书籍告诉我们该如何做。但有什么书告诉我们该如何为恋爱与婚姻做准备呢？肯定，有不少书是涉及爱情与婚姻的，绝大部分文学都涉及爱情故事。但我们很少能找到教我们如何创造美满婚姻的书。由于我们的文化与文学有着异常密切的关系，所以人人都总是注意到那些处在困境中的男女形象。难怪人们在婚姻问题上显得很谨慎，甚至谨慎到恐惧的程度。

人类从远古开始就有婚恋的实践。看看《圣经》，我们会在

里面发现夏娃开启了一切灾难的故事；我们会读到，从那时起男人和女人就在他们的爱情生活之中体验到极大的危险。我们的教育无疑在对它遵循的方向上过于拘泥不化。我们不应该给孩子们灌输那些似乎是为原罪做准备的教育，而应该采取更明智的教育方法，教育女孩更好地扮演婚姻中的女性角色，教育男孩更好地扮演婚姻中的男性角色——而且这种教育还要使他们感到彼此平等。

今天的妇女们普遍感到自卑这一事实充分证明了在这一点上我们的文化是失败的。如果有哪位读者对此不相信，可以让他仔细看看女性的艰难。他将发现当今的女性处于高度竞争的处境，而且她们的发展和训练强度超出了必要的程度。此外，她们显得比男人更以自我为中心。未来的教育应该教导妇女们更多地发展她们的社会兴趣，避免不顾他人只为自己寻求利益的倾向。但是，为了要做到这一点，首先必须破除男人特权的迷信。

让我们举例来说明有的人在婚姻问题上的准备是如何欠缺。一个男青年与一个漂亮的姑娘在一次舞会上跳舞，他们俩已订婚。碰巧男青年的眼镜掉在了地上，他为了拾起眼镜，险些把那位姑娘推倒在地，这使得周围的人都大为惊诧。当一个朋友问他："刚才你在干什么？"他回答说："我总不能让她踩碎我的眼镜呀！"我们可以看出这青年还没有为结婚做好准备，事实上，那姑娘后来也没嫁给他。

在以后的生活中，他去找医生，诉说他深受忧郁症折磨，而忧郁症正是那类过于关注自己的人所常患的病。

有大量的征象可以表明一个人是否具备结婚的条件。不可信任一个没有充足的理由就任意在赴约时迟到的恋人，这种行为说明了一种犹豫迟疑的态度，它是对生活中的问题缺乏准备的迹象。

如果一方总是要教育对方或批评对方，这也是一种缺乏准备的表现。过于敏感同样属于不妙的迹象，因为它是自卑情结的表现。缺少朋友以及落落寡合的人也是不具备婚姻生活条件的人。在选择职业上迟疑不决同属不好的症结。悲观的人则缺乏适应能力，显然，悲观暴露了他缺乏面对生活的勇气。

尽管有以上所述的诸般不尽如人意处，但选择一个合适的对象，或者说沿着正确的途径寻找一个对象，应该说也并不是特别困难。我们不可能指望如愿以偿地找到一个理想化的人物。实际上，如果有人寻找理想中的人物作为婚姻的对象而又始终不能如愿，我们便可以断定他有一种迟疑不决的态度。这种人根本就不想在生活中向前走。

德国有一种古老的方法，据说可以测验出一对青年男女是否具备结婚的条件。这是一种乡村习俗，人们把一种双把的锯子交给这对青年男女，双方各持一端，共同锯一棵树桩，所有的亲友则在一旁观看。锯树桩是双方的任务，任何一方都必须照顾到对方的动作，并使自己与对方协调。因此，它被当作一种检验婚姻适应能力的好方法。

最后，我们再次重申已经说过的：只有能够适应社会的人才能解决恋爱和婚姻的问题。大多数情况中的错误都应该归因于缺乏社会兴趣。只有人本身改变了，这些错误才能够被克服。婚姻是两个人共同的任务，而实际上，我们受到的教育不是以独立承担工作为目的，就是以众人合作完成任务为目的——从来

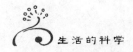

不是训练两个人协同的能力。不过,尽管教育存在这些缺陷,但只要双方能够意识到自己性格中的错误,能够以平等的精神去处理事情,婚姻问题仍然可以得到满意的解决。

毋庸置疑,婚姻的最高形式是一夫一妻制。然而有的人以伪科学的理由声称一夫多妻制更符合人类的本性。这种说法是不能被接受的,其原因在于,我们的文明是把恋爱和婚姻当作社会任务的。我们结婚不仅仅是为了自身的利益,而且也是间接地为了社会的利益。说到底,婚姻是种族繁衍的需要。

第十二章

性欲及性问题

只有幸福的婚姻才是解决性问题的唯一理想的方法。那些过分强调性欲的人,那些称赞一夫多妻制的人,自由同居的人以及试婚的人,都是想回避以社会的方法去解决性问题。他们没有耐心以夫妻的共同兴趣为基础去解决社会适应的问题,而是梦想着通过某种新鲜的方法来逃避责任。然而,最困难的路往往是最直接的路。

在第十一章里,我们讨论了恋爱与婚姻的一般性问题。现在我们转向这一大问题中更为具体的方面——性欲问题以及它们对于真实性或幻想性变态的关系。正如我们前面所说,大多数的人对于爱情生活的准备和训练比起其他问题更加不充分。这一结论若是运用于性问题方面,就显得更为贴切。特别需要提出的是,在性问题上有许多迷信必须破除。

最常见的迷信是关于人格特征的遗传性,即认为性欲强度是遗传的,因此不可改变。我们知道,遗传问题是如何轻易地被当作通用的辩解和托词,从而阻碍人类的改良。因此有必要澄清某些号称性科学的观点。一般的外行对待这些观点过于认真,他们不知道人们仅仅提出了一些结论,而根本没有讨论这些结论从中产生的机制,其中性抑制程度以及对性本能的人为刺激究竟起了何种作用。

早 期 训 练

性欲在生命的初期就已经存在。细心的父母或保姆只要留心观察，就能发现婴儿在出生后的最初几天里就有一定的性兴奋和性动作。但这种性欲表现对于环境的依赖超过了我们可能预料的程度。所以当孩子表现出这种行为的时候，父母应该想办法分散其注意力。不过父母们常常不能采取正确的方法达到这个目的，或者有时候方法虽然用对了，效果却不佳。

如果一个孩子在早期不能发现正确的器官功能，他自然就可能对性活动产生更大的兴趣。我们已经看到这类事情常常发生于身体的其他器官上，当然性器官也不例外。不过，若是及时着手，便能够正确地训练孩子。

一般来说，儿童时期的性表现属于正常的现象，所以我们不必看到一个孩子的性动作就惊惶失色。两性的目标之一便是达到与对方最后的结合。因此，我们的原则应该是关注、等待，从旁关照，以防儿童的性表现发展到错误的方向上去。

人们常常有一种倾向，就是容易将童年时期自我训练的某种后果归因于遗传缺陷。有时，这种性欲方面自我训练的行为也被看作是遗传特征。所以，如果一个孩子对同性的兴趣超过异性，人们便通常认为这是先天的性无能。然而我们清楚，这种无能是由他自己一天天发展起来的。有些儿童或成年人表现出性反常，许多人同样也认为是遗传性的。但情况如果真是如此，那么这种人为什么还要训练自己呢？为什么他要梦见和重复他的某些行为呢？

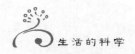
生活的科学

　　有的人在一定的时候便会停止这种训练，其原因可以通过个体心理学的理论得到解释。例如，有些人惧怕失败，他们有自卑情结。但他们可能过分地训练自己，以至于结果发展了一种优越情结。在这种情况下，我们可以看到类似过分强调性欲的夸张行为。这类人可能具有很强烈的性欲。

　　这种类型的追求优越的倾向特别易于受到环境的刺激。我们知道图片、小说、电影或者一定的社会接触是如何有助于激励这种性驱力的。在我们这个时代，可以说一切东西都无不助长人们发展一种对于性的夸张兴趣。不过，在批评性欲被过分渲染的同时，我们也无须贬低这些性驱力的重要性及其在恋爱、婚姻和人类生殖方面的作用。

　　父母们在照料自己的孩子时最应防止的就是性夸张的倾向。常见的情况是，母亲们对孩子最初的性动作过度关注，于是使孩子过高地估计了这些行为的重要性。母亲可能对此惊慌失色，老是守在孩子身旁，不断向他讲这类问题，并且惩罚孩子。但我们知道，许多孩子都有以自我为中心的心理倾向，正因为他们因此受到责骂，所以他们才继续这种习惯。较好的方法是不要对孩子过度强调这个问题，而是把它作为一般的事情来对待。不在孩子面前表现出他很在乎这个问题，反而能省去很多麻烦。

　　有时候，孩子周围的某些传统也会将他们引到某个方向上去。这可能是由于母亲不但充满爱意，而且常将她的感情以亲吻、拥抱等方式表达出来。尽管许多母亲坚持说她们实在难以克制这样的亲密行为，但这种事情确实不应过分。这种行为并不是母爱的典型表现，这样对待自己的孩子，不像是培养孩子，反倒像是在养育一个仇家。一个被娇惯的儿童在性欲方面是不会发展得很正常的。

对于生活风格的依赖

与这个问题有关，需要指出，许多医生和心理学家认为，性欲的发展不但是整个心理跟精神发展的基础，而且也是一切身体活动发展的基础。我的观点与此不同，我认为性欲的整个格局与发展乃是建筑在人格发展的基础上——包括生活风格以及原型。

比如说，如果一个孩子以某种方式表现出他的性欲，而另一个孩子却压制自己的性欲，那么我们可以预料这两个孩子成人之后的情况。如果我们知道一个孩子总是想成为他人注意的中心，总想征服别人，那么，他也同样会向着成为注意的中心以及成为征服者的方向发展其性欲。

许多人都相信，如果他们按照一夫多妻制的形式来表现他们的性本能，便会变得更加优越并且具有支配他人的能力。于是他们与很多人发生性关系。不难看出，他们是在为着某些心理方面的原因而故意地过分强调自己的性欲和性态度。他们自认为这样做便能成为征服者。显然，这只是一种幻觉，但这种幻觉对自卑情结起着补偿的作用。

性变态的核心就是自卑情结。一个有自卑情结的人总是在寻求最简单的解决办法；有时候他发现最简单的办法就是排斥掉生活中的大部分方面，并夸大他的性生活。

我们经常可以在儿童身上发现这种倾向，一般来说，它总是表现在那种希望缠住他人的孩子身上。这类孩子制造困难，追

求生活中无用的方面,以此来纠缠他们的父母和老师。在成年以后的生活中他们还会以自己的倾向去纠缠他人,希望因此而显得更优越。这类孩子在成长的过程中将性欲与征服欲以及追求优越的愿望混淆一气。有时候,他们在排斥生活中的部分问题的过程中,也可能将整个的异性领域也排除掉了,从而为自己做好了同性恋生活的训练。值得重视的是,在性反常者中间,常常存在着被过分强调的性欲。实际上他们是夸大自己的反常倾向,使其作为一种手段,以对抗必须面对他们希望回避的正常性生活问题。

只有当我们了解了他们的生活风格之后,才可能理解这一切。有这样一些人,他们希望大受青睐,然而又自认为,无力使异性对他们产生足够的兴趣。他们在异性问题上存在着自卑情结,其始因可以追溯到童年时代。比如说,如果他们以前发现家里的女孩或者母亲的行为举止比他们自己的行为举止更具有吸引力,他们就会觉得永远不会有能力使女人对自己感兴趣。这种人可能极其崇拜异性,以至于开始模仿异性的举动。因此,我们见到有的男人一举一动都像姑娘;同样,有的姑娘也可能举止像男子。

这里有一个被控告为虐待狂、犯有迫害儿童罪的男人,他的例子能够很好地表明我们讨论过的那种倾向是如何形成的。在询问他的发展过程时,我们了解到他有一个很专制的母亲,总是对他斥骂不已。尽管如此,他还是在学校成为一名聪明优秀的学生。但他母亲对他的成绩从来没感到满意。因此,他想从自己的家庭感情中排除掉他的母亲。他对母亲一点也不感兴趣,但他却非常爱与父亲亲近,并且极为依恋他。

可以想象，这孩子是如何得出女人严厉刻板而且吹毛求疵这样的印象的，他会认为与女人接触毫无愉快可言，而只不过是出于无奈！既然如此，他便开始对异性采取排斥的态度。更为严重的是，这个人是属于那种害怕时便会感到性刺激的类型。对这种类型的人我们是非常熟悉的。焦虑的折磨常常使他们受到性的刺激，因此他们总是在寻找那种他们不会在其中感到害怕的环境。在后来的生活中，这个人可能喜欢惩罚自己和折磨自己，或者从看到某个孩子受折磨的情景中感到愉快，或者甚至从幻想自己或他人受折磨之中获得快感。由于他属于我们所描述的那种类型，所以他能够从真正的和想象的折磨过程中获得性刺激和性满足。

有个例子揭示了错误训练的结果。有个人一点也不明白他的种种习惯之间的相互联系，即使他看到这一点，也已经为时太晚了。当一个人已经到了 25 岁或者 30 岁的时候再来对他进行适当的训练自然是非常困难的。恰当的时间应该是在童年时期。

其他因素

可是在童年阶段，诸般事态都被与父母之间的心理联系搞得异常复杂。很奇怪的现象是，我们观察到糟糕的性训练如何导致了孩子和父母之间的心理冲突。一个好斗的孩子，尤其在其青春期的时候，很可能滥施性欲，以此来故意伤害他的父母。众所周知，儿童往往在与父母发生争斗之后与他人发生性关系，他们以此种方式报复父母，尤其当他们发现父母对这个问题非

常敏感时,更是如此。好斗的孩子几乎都会毫不例外地在这一点上发难。

避免儿童采取这种战术的唯一方法是使他们对自己负责。这样他们就不会再相信这种事情仅仅是为了父母的利益,它同样也是为了他们自己的利益。

除了反映在生活风格里的童年环境的影响之外,一个国家的政治经济状况对于性问题也存在着影响。由这些状况产生一种感染力很强的社会生活方式。在日俄战争及第一次俄国革命失败之后,人们都丧失了希望和信心,当时曾发生过一次被称为沙宁主义(Saninism)的声势浩大的性力狂飙运动。很多的成年人和青年都被卷入了这场运动。人们发现在革命时期也有这种类似的性欲夸张倾向。战争期间,由于生命变得毫无价值,因此大量沉迷于声色的社会现象屡见不鲜。

有趣的是,警察也懂得性可以作为一种心理解脱的通道。至少在欧洲是如此,无论发生了什么案件,警察通常是到妓院里去进行搜查,而且往往都能在那里抓到杀人犯以及他们正在搜捕的其他罪犯。其原因在于,罪犯作案后感到过度紧张,需要求得情绪上的释放。他们企图使自己确信自己的力量,证明自己仍然坚强有力,并非失魂落魄的亡命之徒。

社 会 措 施

有一个法国人曾经说过,一切动物之中只有人类才是不饿的时候也吃饭,不渴的时候也喝水,并且随时都能发生性行为。过分纵情于性本能实际上与在其他方面的过分放纵性质相似。

无论过分放纵哪种欲望,过分发展哪种兴趣,都会打乱生活的平衡和谐。在心理学史上记载着许多这种例子,有人毫无节制地放纵自己,以至于到最后他们的兴趣和欲望都变成了强迫症。过分看重金钱重要性的守财奴就是我们大家熟悉的例子。另外,还有一些人把清洁看得至关重要,把清洗工作放在其他一切活动的首位,有时候甚至花掉整天乃至半夜的时间。还有人认为吃东西具有至高无上的重要性,他们整天吃个不停,唯一感兴趣的就是食物,谈话中除了吃以外再无其他话题。

性过度的例子与此完全相似,它导致整个生活失去平衡,并会不可避免地将整个生活风格拽向生活无用的方面。

在正当的性本能训练之中,性驱力应该被约束在一个有用的目标之内,我们的全部活动都应在这个目标中表现出来。只要目标选择得当,无论是性欲还是生活中的其他表现都不会被过度地予以强调。

另一方面,在对一切欲望和兴趣施行控制并使之协调的时候,也会出现完全压抑性欲的危险。就食物而言,一个人若是节食过度,他的精神和身体都会大受其苦。同样的道理,在性问题上,完全禁欲的做法也不是理想的状态。

这种说法意味着,在正常的生活风格之中,性欲会得到适当表现。但这并不是说,只要采用随心所欲的性欲表现方式,我们就可以克服神经症疾患——生活风格失去平衡的标志。认为纵欲是神经症的病因这种被广为宣传的说法是不正确的。真实的情况倒是恰恰相反:神经症患者缺乏正确的性欲表现方式。

我们也曾遇见过这种人,他们被告诫,要给性本能以更多的自由表现,而遵循这一建议的结果却是他们的病情更加严重了。

事情之所以会发展成这样,其原因就在于这些人没有将他们的性生活约束在对社会有用的目标之内。只有对社会有用的目标才能够改变他们神经症的状况。性本能表现的本身并不能治疗神经症,因为神经症乃是存在于生活风格之中的一种疾病——让我们姑且采用这个名称——要治疗它,就只有求助于生活风格的改变。

  对于个体心理学家来说,如此清楚的这一切情况使得他毫不犹豫地认为,只有幸福的婚姻才是解决性问题的唯一理想的方法。然而,一个神经症患者却并不对这种方法感兴趣,因为他通常性格懦弱,不能很好地适应社会生活。与此相似,那些过分强调性欲的人,那些称赞一夫多妻制的人,自由同居的人以及试婚的人,都是想回避以社会的方法去解决性问题。他们没有耐心以夫妻的共同兴趣为基础去解决社会适应的问题,而是梦想着通过某种新鲜的方法来逃避责任。然而,最困难的路往往是最直接的路。

第十三章

结　论

　　个体心理学的方法始终与自卑的问题联系在一起。自卑是人类奋斗和成功的基础。而在另一个方面，自卑感又是一切心理适应不良问题的原因。社会适应是自卑问题的正面出路。正因为个人感到自卑和软弱，我们才看到人类生活的社会必然性。因此可以说，社会兴趣和社会合作是个人获得拯救的正道。

现在是为我们的研究做总结的时候了。个体心理学的方法——我们毫不犹豫地这样坦承——始终与自卑的问题联系在一起。

我们已经看到,自卑是人类奋斗和成功的基础。而在另一个方面,自卑感又是一切心理适应不良问题的原因。当一个人找不到一个适当而具体的优越目标时,自卑情结就出现了。自卑情结导向一种回避的欲望,这种欲望被表现在一个优越情结之中,而优越情结又不过是一个处于生活无用方面的目标,它使人从虚幻的成功中获得自我满足。

这就是心理生活的动力机制。更具体地说,我们知道精神活动中所存在的错误在一定的时候会表现得比在其他任何时候都更为有害。我们也知道,生活风格是在童年时期形成的倾向中得以定型的——而这种倾向也就是在四五岁左右发展起来的原型。既然情形是如此,那么指导我们心理活动的全部重担就落在了童年时期的正确指导上。

至于童年指导，我们已经指出过，其主要的着眼点应该是培养适当的社会兴趣，从而使有用的和健康的目标能够得以定形。只有通过训练儿童对社会格局的适应能力，才能将普遍的自卑感予以适当的约束，以防止它发展为自卑情结或优越情结。

社会适应是自卑问题的正面出路。正因为个人感到自卑和软弱，我们才看到人类生活的社会必然性。因此可以说，社会兴趣和社会合作是个人获得拯救的正道。

科学元典丛书

1. 天体运行论　　　　　　　　　　　　　　　　　　［波兰］哥白尼
2. 关于托勒密和哥白尼两大世界体系的对话　　　　　［意］伽利略
3. 心血运动论　　　　　　　　　　　　　　　　　　［英］威廉·哈维
4. 薛定谔讲演录　　　　　　　　　　　　　　　　　［奥地利］薛定谔
5. 自然哲学之数学原理　　　　　　　　　　　　　　［英］牛顿
6. 牛顿光学　　　　　　　　　　　　　　　　　　　［英］牛顿
7. 惠更斯光论（附《惠更斯评传》）　　　　　　　　　［荷兰］惠更斯
8. 怀疑的化学家　　　　　　　　　　　　　　　　　［英］波义耳
9. 化学哲学新体系　　　　　　　　　　　　　　　　［英］道尔顿
10. 控制论　　　　　　　　　　　　　　　　　　　　［美］维纳
11. 海陆的起源　　　　　　　　　　　　　　　　　　［德］魏格纳
12. 物种起源（增订版）　　　　　　　　　　　　　　［英］达尔文
13. 热的解析理论　　　　　　　　　　　　　　　　　［法］傅立叶
14. 化学基础论　　　　　　　　　　　　　　　　　　［法］拉瓦锡
15. 笛卡儿几何　　　　　　　　　　　　　　　　　　［法］笛卡儿
16. 狭义与广义相对论浅说　　　　　　　　　　　　　［美］爱因斯坦
17. 人类在自然界的位置（全译本）　　　　　　　　　［英］赫胥黎
18. 基因论　　　　　　　　　　　　　　　　　　　　［美］摩尔根
19. 进化论与伦理学(全译本)(附《天演论》)　　　　　［英］赫胥黎
20. 从存在到演化　　　　　　　　　　　　　　　　　［比利时］普里戈金
21. 地质学原理　　　　　　　　　　　　　　　　　　［英］莱伊尔
22. 人类的由来及性选择　　　　　　　　　　　　　　［英］达尔文
23. 希尔伯特几何基础　　　　　　　　　　　　　　　［德］希尔伯特
24. 人类和动物的表情　　　　　　　　　　　　　　　［英］达尔文
25. 条件反射：动物高级神经活动　　　　　　　　　　［俄］巴甫洛夫
26. 电磁通论　　　　　　　　　　　　　　　　　　　［英］麦克斯韦
27. 居里夫人文选　　　　　　　　　　　　　　　　　［法］玛丽·居里
28. 计算机与人脑　　　　　　　　　　　　　　　　　［美］冯·诺伊曼
29. 人有人的用处——控制论与社会　　　　　　　　　［美］维纳
30. 李比希文选　　　　　　　　　　　　　　　　　　［德］李比希
31. 世界的和谐　　　　　　　　　　　　　　　　　　［德］开普勒
32. 遗传学经典文选　　　　　　　　　　　　　　　　［奥地利］孟德尔 等
33. 德布罗意文选　　　　　　　　　　　　　　　　　［法］德布罗意
34. 行为主义　　　　　　　　　　　　　　　　　　　［美］华生
35. 人类与动物心理学讲义　　　　　　　　　　　　　［德］冯特
36. 心理学原理　　　　　　　　　　　　　　　　　　［美］詹姆斯
37. 大脑两半球机能讲义　　　　　　　　　　　　　　［俄］巴甫洛夫
38. 相对论的意义：爱因斯坦在普林斯顿大学的演讲　　［美］爱因斯坦
39. 关于两门新科学的对谈　　　　　　　　　　　　　［意］伽利略
40. 玻尔讲演录　　　　　　　　　　　　　　　　　　［丹麦］玻尔
41. 动物和植物在家养下的变异　　　　　　　　　　　［英］达尔文
42. 攀援植物的运动和习性　　　　　　　　　　　　　［英］达尔文
43. 食虫植物　　　　　　　　　　　　　　　　　　　［英］达尔文

44	宇宙发展史概论	[德] 康德
45	兰科植物的受精	[英] 达尔文
46	星云世界	[美] 哈勃
47	费米讲演录	[美] 费米
48	宇宙体系	[英] 牛顿
49	对称	[德] 外尔
50	植物的运动本领	[英] 达尔文
51	博弈论与经济行为(60周年纪念版)	[美] 冯·诺伊曼 摩根斯坦
52	生命是什么(附《我的世界观》)	[奥地利] 薛定谔
53	同种植物的不同花型	[英] 达尔文
54	生命的奇迹	[德] 海克尔
55	阿基米德经典著作集	[古希腊] 阿基米德
56	性心理学、性教育与性道德	[英] 霭理士
57	宇宙之谜	[德] 海克尔
58	植物界异花和自花受精的效果	[英] 达尔文
59	盖伦经典著作选	[古罗马] 盖伦
60	超穷数理论基础(茹尔丹 齐民友 注释)	[德] 康托
61	宇宙(第一卷)	[德] 亚历山大·洪堡
62	圆锥曲线论	[古希腊] 阿波罗尼奥斯
63	几何原本	[古希腊] 欧几里得
64	莱布尼兹微积分	[德] 莱布尼兹
	化学键的本质	[美] 鲍林

科学元典丛书(彩图珍藏版)

自然哲学之数学原理(彩图珍藏版)	[英] 牛顿
物种起源(彩图珍藏版)(附《进化论的十大猜想》)	[英] 达尔文
狭义与广义相对论浅说(彩图珍藏版)	[美] 爱因斯坦
关于两门新科学的对话(彩图珍藏版)	[意] 伽利略
海陆的起源(彩图珍藏版)	[德] 魏格纳

科学元典丛书(学生版)

1	天体运行论(学生版)	[波兰] 哥白尼
2	关于两门新科学的对话(学生版)	[意] 伽利略
3	笛卡儿几何(学生版)	[法] 笛卡儿
4	自然哲学之数学原理(学生版)	[英] 牛顿
5	化学基础论(学生版)	[法] 拉瓦锡
6	物种起源(学生版)	[英] 达尔文
7	基因论(学生版)	[美] 摩尔根
8	居里夫人文选(学生版)	[法] 玛丽·居里
9	狭义与广义相对论浅说(学生版)	[美] 爱因斯坦
10	海陆的起源(学生版)	[德] 魏格纳
11	生命是什么(学生版)	[奥地利] 薛定谔
12	化学键的本质(学生版)	[美] 鲍林
13	计算机与人脑(学生版)	[美] 冯·诺伊曼
14	从存在到演化(学生版)	[比利时] 普里戈金
15	九章算术(学生版)	〔汉〕张苍 耿寿昌
16	几何原本(学生版)	[古希腊] 欧几里得

全新改版·华美精装·大字彩图·书房必藏

科学元典丛书，销量超过 100 万+！

——你收藏的不仅仅是"纸"的艺术品，更是两千年人类文明史！

科学元典丛书（彩图珍藏版）除了沿袭丛书之前的优势和特色之外，还新增了三大亮点：
① 每一本都增加了数百幅插图。
② 每一本都增加了专家的"音频+视频+图文"导读。
③ 装帧设计全面升级，更典雅、更值得收藏。

名作名译·名家导读

《物种起源》由舒德干教授领衔翻译，他是中国科学院院士，国家自然科学奖一等奖获得者，西北大学早期生命研究所所长，西北大学博物馆馆长。2015年，舒德干教授重走达尔文航路，以高级科学顾问身份前往加拉帕戈斯群岛考察，幸运地目睹了达尔文在《物种起源》中描述的部分生物和进化证据。本书也由他亲自"音频+视频+图文"导读。附录还收入了他撰写的《进化论的十大猜想》，既高屋建瓴又通俗易懂地阐述了进化论发展的未来之路，令人耳目一新，豁然开朗。

《自然哲学之数学原理》译者王克迪，系北京大学博士，中共中央党校教授、现代科学技术与科技哲学教研室主任。在英伦访学期间，曾多次寻访牛顿生活、学习和工作过的圣迹，对牛顿的思想有深入的研究。本书亦由他亲自"音频+视频+图文"导读。

《狭义与广义相对论浅说》译者杨润殷先生是著名学者、翻译家，天津师范大学外国语学院教授。校译者胡刚复（1892—1966）是中国近代物理学奠基人之一，著名的物理学家、教育家。本书由中国科学院李醒民教授撰写导读，中国科学院自然科学史研究所方在庆研究员"音频+视频"导读。

科学的旅程
（珍藏版）

雷·斯潘根贝格　戴安娜·莫泽 著
郭奕玲　陈蓉霞　沈慧君 译

第二届中国出版政府奖（提名奖）
第三届中华优秀出版物奖（提名奖）
第五届国家图书馆文津图书奖第一名
中国大学出版社图书奖第九届优秀畅销
　书奖一等奖
2009 年度全行业优秀畅销品种
2009 年影响教师的 100 本图书
2009 年度最值得一读的 30 本好书
2009 年度引进版科技类优秀图书奖
第二届（2010 年）百种优秀青春读物
第六届吴大猷科学普及著作奖佳作奖
　（中国台湾）
第二届"中国科普作家协会优秀科普作
　品奖"优秀奖
2012 年全国优秀科普作品
2013 年度教师喜爱的 100 本书

物理学之美
（插图珍藏版）

杨建邺 著

500 幅珍贵历史图片；震撼宇宙的思想之美

著名物理学家杨振宁作序推荐；
获北京市科协科普创作基金资助。

九堂简短有趣的通识课，带你倾听科学与诗的对话，重访物理学史上那些美丽的瞬间，接近最真实的科学史。

第六届吴大猷科学普及著作奖
2012 年全国优秀科普作品奖
第六届北京市优秀科普作品奖